阴山北麓农牧交错区
作物抗旱节水栽培研究

路战远　程玉臣 等　著

中国农业出版社

内 容 简 介

针对阴山北麓农牧交错区干旱少雨、节水技术缺乏、水资源浪费严重、生产水平低等突出问题，创新马铃薯、向日葵等作物抗旱播种、保苗成苗和水肥高效利用等关键技术及抗旱补水播种垄膜沟植、膜下滴灌等机械装备，建立适应阴山北麓马铃薯等作物抗旱补水播种保苗和丰产高效农艺农机相融合的综合配套技术体系与机具系统，为阴山北麓旱作农业发展提供技术路径和示范样板。

《阴山北麓农牧交错区作物抗旱节水栽培研究》
著　作　人

著作人（成果贡献人员）：

路战远　程玉臣　赵沛义　张德健　孟　德
郑海春　叶雪松　张向前　智颖飙　杨　彬
范希铨　郭凌云　王娟玲　张立峰　刘兴华
黄学芳　张建恒　李晋汾　妥德宝　任永峰
李焕春　王玉芬　王建国　咸　丰　陈立宇
杨少楠　刘亚楠　张富荣　孙鸿举　李　娟
孙峰成　戴玉芝　张建中　张荷亮　王　璞

统　稿：刘孝忱

前言
QIANYAN

阴山北麓农牧交错区位于内蒙古中部，南靠阴山山脉，北接蒙古高原，总面积约 9.7 万 km^2，其北部大部分为草原牧区，南部大部分为旱作农业区，农作物以马铃薯、燕麦、小麦等生长季较短和较耐寒抗旱的作物为主。阴山北麓所处的特殊地理位置以及自然条件和气候特征，使该地区土壤瘠薄、气候干旱、无霜期短等问题突出，加之土地利用变化和人类活动的影响，导致阴山北麓地区风大干旱、降水少且时空分布不均匀、土壤风蚀沙化、耕地退化、生产能力逐年下降等生产生态问题日益严重。为此，研究开发阴山北麓旱作节水和雨水高效利用技术，建立节水高效农业技术体系与发展模式，已经成为该区域农业发展和生态建设的重中之重。

本书成果主要是针对阴山北麓农牧交错区干旱少雨、节水技术缺乏、水资源浪费严重、生产水平低等突出问题，系统开展了雨水集蓄与利用、作物水分效应与节水措施等理论与技术研究，创新了马铃薯、向日葵等作物抗旱播种、滴灌补水、抗旱剂应用、保苗成苗等关键技术，研发了马铃薯、向日葵等主要作物垄膜沟植、膜下滴灌和抗旱补水播种等机械装备，建立了具有阴山北麓区域特点的马铃薯等作物抗旱补水播种保苗农艺农机一体化综合配套技术体系及机具系统。项目成果为阴山北麓旱作农业发展提供了技术路径和参考。

本书是在国家公益性行业（农业）科研专项“内蒙古阴山北麓风沙区抗旱补水播种保苗综合技术研究与示范”、国家农业科技成果转化资金“农牧交错风沙区抗旱补水播种保苗关键技术与装备中试与示范”和国家级星火计划“马铃薯抗旱节水丰产高效关键技术与装备”等项目（课题）成果的基础上撰写而成。在项目立项和实施过程中，相关主管部门和单位给予了大力支持和帮助，项目实施区的广大科技人员为项目完成和成果取得，付出了辛勤的劳动和汗水，内蒙古农牧业机械化技术推广站刘孝忱研究员为本书统稿和编辑做了大量工作，在此一并表示衷心的感谢。由于项目实施难度大、实施期相对较短、研究资料有限，书中错误和不足之处在所难免，恳请批评指正。

作　者

2017 年 11 月 20 日

目录
MULU

前言

第一章　绪论 …… 1

第一节　农牧交错区基本情况 …… 3
第二节　项目需求分析 …… 8
第三节　工作基础 …… 15

第二章　主要研究内容和目标 …… 25

第一节　主要研究内容 …… 27
第二节　研究目标 …… 30
第三节　技术路线 …… 31

第三章　试验设计与研究方法 …… 33

第一节　试验区概况 …… 35
第二节　试验材料与方法 …… 36

第四章　试验结果与分析 …… 41

第一节　滴灌补水成苗机理及关键技术 …… 43
第二节　垄膜沟植基础理论与关键技术 …… 59
第三节　抗旱品种与抗旱保水剂筛选 …… 70
第四节　种子抗旱处理及抗旱播种关键技术 …… 77
第五节　抗旱播种等机具研发 …… 86
第六节　农艺农机一体化综合配套技术 …… 112

第七节　标志性成果 …………………………………………………… 115

第五章　技术示范应用与效果 ………………………………………… 117

第一节　技术应用情况 …………………………………………………… 119
第二节　技术应用与产量比较 …………………………………………… 120
第三节　技术应用效果分析 ……………………………………………… 122

附录 ……………………………………………………………………… 125

附录一　平作马铃薯膜下滴灌栽培技术规程 …………………………… 127
附录二　马铃薯高垄滴灌栽培技术规程 ………………………………… 133
附录三　马铃薯机械收获作业技术规程 ………………………………… 139
附录四　春小麦保护性耕作节水丰产栽培技术规程 …………………… 142
附录五　农牧交错区保护性耕作小麦田杂草综合控制技术规范 ……… 148
附录六　阴山北麓保护性耕作芥菜型油菜田杂草综合
　　　　控制技术规范 …………………………………………………… 154
附录七　阴山北麓芥菜型油菜保护性耕作丰产栽培技术规程 ………… 160
附录八　阴山北麓保护性耕作燕麦田杂草综合控制技术规范 ………… 166

参考文献 ………………………………………………………………… 172

第一章

绪 论

第一节　农牧交错区基本情况

一、农牧交错区概况

农牧交错区是一个具有特殊含义的地理概念。它是指农业区与牧业区之间所存在的一个农牧过渡地带，在这个过渡带内种植业和草地畜牧业在空间上交错分布，时间上相互重叠，一种生产经营方式逐步被另一种生产经营方式所替代。我国的农牧交错带分布较为广泛，如北方农牧交错带、西南半干旱过渡带、西北干旱区绿洲荒漠过渡带等都具农牧交错带的特征。但是，常说的农牧交错带主要是指北方农牧交错带。这不仅因为它是我国面积最大及空间尺度最长的农牧交错带和世界四大农牧交错带之一，更主要是近几十年该区沙漠化急剧发展，生态环境明显恶化，已给当地人民生产、生活带来了极大危害，并对我国东部地区的生态环境和经济发展带来了不良影响，成为我国生态问题最为严重的区域之一。

农牧交错带是我国北方重要的生态屏障，已被列入“全国生态环境建设规划”的重点治理区。我国农牧交错带总面积达 81.35 万 km^2，涉及黑龙江、吉林、辽宁、内蒙古、河北、山西、陕西、宁夏、甘肃、青海、四川、云南、西藏等 13 个省份的 234 个县（市、旗）。内蒙古农牧交错区总面积 61.62 万 km^2，是我国北方农牧交错区的主体，涵盖 62 个旗县区，占内蒙古总面积的 52.1%。该区域干旱风大，土地荒漠化、沙漠化日趋严重，沙尘暴频发。

二、北方农牧交错区概况

北方农牧交错带是连接中国东部半湿润农耕区与西部半干旱草原牧区

的过渡带，属于一个相对独立的自然-社会-经济的复合生态系统类型。它是中国少数民族的聚居区和北方主要江河的发源地，滋润着中下游广阔的农田和土地，同时也是遏止荒漠化、沙化向中国东、中部地区移动的最后一道绿色壁垒，特别是位于长城一线以北、草原以南地区，是中国东部、中部地区重要的生态屏障。北方农牧交错带在行政区域上包括辽、吉、蒙、冀、晋、陕、甘、宁等12个省份140个县（市、旗），土地面积约为0.44亿hm^2，人口近3 500万人，人均土地1.68hm^2，它的可持续发展在中国社会、经济发展以及环境保护等方面具有十分重要的战略地位。但是由于受全球气候变化和区域沙漠化的影响，该区生态环境明显恶化，气候灾害增加，加之该区域土地资源质量差，生态环境脆弱，在人为因素的剧烈扰动下，农田生态环境不断退化。近年来，其生态屏障作用正在慢慢消失，而且成为新的风沙源，影响到华北、东北地区的生态安全。

三、阴山北麓农牧交错区概况

阴山北麓区域地处内蒙古中部，南靠阴山山脉，北接蒙古高原，属半干旱农牧交错生态环境脆弱地区。行政范围涉及内蒙古乌兰察布市的四子王旗、察右后旗、察右中旗、商都县、化德县、包头市的固阳县和达茂旗、呼和浩特市的武川县、锡林郭勒盟的太仆寺旗和多伦县、巴彦淖尔市的乌拉特中旗，总面积约9.7万km^2。海拔高度为853～2 313m，地貌类型主要为低山丘陵和层状高平原，还有若干构造盆地。气候属中温带半干旱大陆性季风气候，日照充足，太阳辐射强，年均日照时数1 677～3 100h，年均气温1.3～3.9℃，年均降水量为200～400mm，时空分布不均，降水多集中于夏季且多以暴雨形式出现，占全年降水量的65%～70%，空间上由东南向西北呈递减趋势。年均蒸发量1 748～2 300mm，年均无霜期102～121d，年平均风速4～6m/s，风级在六级以上，主风向为北风和西北风。土壤呈地带性分布，主要土壤类型为栗钙土和棕钙土，土壤腐殖层为10～30cm，有机质为1%左右。地表植被稀疏，沙质化程度严重，原生植被主要为典型草原和荒漠草原。北部大部分为草原牧区，南部大部分为旱作农业区，农作物以马铃薯、莜麦、小麦等生长季较短和较耐寒抗旱的作物为主。阴山北麓地区所处的特殊地理位置以及自然条件和气候特征，造成了该地区土壤瘠薄、植被覆盖度低、风沙天气多、无霜期短等，加上土地利用变化和人类活动的影响，导致阴山北麓地区土壤风蚀、土地荒漠化、水土流失、土地退化等生态环境问题日益严重，很大程度上制约着当地经济和社会的发展。

四、阴山北麓农牧交错区主要问题和技术需求

（一）主要问题

1. 旱作农区干旱缺水，水资源时空分布不均

阴山北麓旱作区，干旱、风大、土地沙化严重，年降水量为200～400mm，旱灾频繁发生，是该地区农牧业生产发展和生态环境保护主要限制因素和亟待解决的问题。

2. 旱作农区水土流失严重，生态环境脆弱

阴山北麓是中国荒漠化威胁最为严重的地区，每年从后山地区输入黄河的泥沙多达1 000亿kg。尘暴中70%的尘埃来自于不合理开垦的土地和过度耕翻的农田，尘暴发生的频率、强度和影响范围呈增加趋势，耕地质量逐年下降。

3. 旱作农区基础设施差，土壤肥力下降

旱作农业区普遍存在着基础设施建设滞后的问题，由于长期不合理使用肥料，使旱作区土壤养分严重失衡，同时化肥施用量地区间不平衡和N、P、K施用比例不合理等问题十分突出，如阴山北麓区经实际调查，农民传统习惯施肥比例为1∶0.54∶0.21（N∶P_2O_5∶K_2O），大量科学施肥试验结果证明合理的施肥比例应该为1∶0.62∶0.45，说明农民常规施肥结构中磷、钾肥施肥配比不合理；农家肥积造数量少和质量低，据2005—2008年测土配方施肥调查显示，调查总农户50 000多户，其中不施有机肥的有30 000多户，占调查农户的60%；秸秆还田率较低，还田秸秆只占到可利用秸秆总量的30%左右。致使旱作农田土壤肥力总体上呈下降趋势。

4. 产业结构不合理，粮食产量低而不稳，农民增收困难

由于旱作区农业基础设施差，缺乏有效的调控手段和方法，加上投入不足，种植结构单一，耕作粗放，机械化程度低，从而造成丰水年丰收、平水年平产，大旱大减产、小旱小减产的被动局面，主要粮食作物平均亩*产一般在100～150kg，部分地区亩产只有50kg左右。农业效益低，农民增收难。

5. 旱作农区新技术普及率低

旱作农区农业新技术普及率总体较低，主要表现在肥料投入偏少，平衡合理施肥技术的普及率更低；地膜覆盖等新技术技术推广力度不够；抗旱水源和抗旱设施不足；抗旱的优良品种少，普及率不足70%；耕作层深度小于15cm的旱地面积达80%；抗旱保水剂使用面积不到20%。

6. 机械化装备水平低，耕作技术粗放

旱作农区普遍存在着机械化装备水平低，基础设施建设滞后的问题。旱作区机械化综合作业水平仅为46%，大中型动力机械80%老化，配套比仅为1∶0.5；面积近333万hm^2的坡耕地耕作更加粗放，梯田仅有50多万hm^2，相当一部分坡耕地还在顺坡耕种，水土流失严重。

7. 认识不到位，投入严重不足

长期以来，许多地方对发展旱作农业的重要地位认识不足，重灌区、轻旱区，重工程、轻技术，缺乏持续的扶持政策和发展措施，加之贫困人口80%以上集中在旱作地区，自身的发展条件和能力较差，制约了旱作农业的发展。而且由于对旱作节水农业的投入严重不足，且没有固定渠道，导致旱作农业基础设施十分薄弱，防旱抗旱能力很差，影响了旱作地区粮食综合生产能力的提高。

（二）技术需求

1. 高产耐旱优质作物品种选育与利用

选择阴山北麓主栽作物马铃薯、莜麦、向日葵、谷子、豆类等特色杂

---

* 亩为非法定计量单位，1亩=1/15公顷（hm^2）。——编者注

粮杂豆，进行作物抗旱种质资源搜集和引进创新，筛选抗旱作物品种，在生产上大面积应用。

2. 旱作节水农业技术创新与应用

主要进行等高农田基本建设技术、地膜覆盖与膜下集雨补灌技术、化学抑蒸蓄水保墒技术等旱作节水农业技术研究与应用，建立符合旱作区域特色的节水、减蒸和雨水高效利用农业技术体系与发展模式。

3. 旱作农田施肥与培肥技术创新与应用

根据旱作农田土层薄、土壤肥力低的特点，结合种植作物生长特性，主要开展：作物营养需求规律研究；有机肥和化肥技术作用效果研究；土壤培肥施肥、配方施肥、平衡施肥技术研究。研究人工成土技术、加深熟化层技术、快速培肥技术，组装集成一套适宜北方旱作区土壤培肥技术。

4. 旱作农区作物病虫草害综合防控技术研究与应用

主要研究：旱作农田作物病虫草害发生、发展与危害规律；作物高效环保型病虫草害的综合防治技术；无公害、绿色与有机农产品生产集成技术。

5. 保护性耕作技术研究与应用

针对旱作农田，在研究保护性耕作秸秆覆盖、免耕播种、田间管理等核心技术基础上，总结形成主要农作物保护性耕作关键集成技术及体系、技术模式和标准，开展主要农作物保护性耕作农艺配套技术、保护性耕作节能减排和对农田环境的生态影响的研究。

6. 旱作农业机械装备开发与应用

研究旱作农业土壤耕作、播种施肥、田间管理、收获加工等各环节的机械化实现技术，开发与应用机械装备，推进旱作农业全程机械化进程。

第二节　项目需求分析

一、项目研究的必要性

我国传统旱作节水农业针对当地资源特点，尽量保蓄和充分利用有限的自然水，创造和运用减少地表径流，采用深耕、深松、镇压等一整套土壤耕作，改善耕作层土壤状况。随着科学技术的发展，农用地膜、现代育种技术、农业机械和工程技术等在农业生产中被广泛应用，极大地提高了旱地农业的技术水平。然而，这些农艺技术在规范化、规模化和机械化等方面都比较薄弱，技术推广体制机制不完善，基层农技推广机构公共服务能力和手段不足，导致重大旱作节水农业技术研发滞后，技术成果普及速度慢、范围小、到位率低。已推广的技术也以单项技术居多，综合配套技术示范少，农民应用旱作节水农业技术的积极性和作用没有充分调动和发挥，还不能适应旱作区现代农业发展形势需要。另外，很多地区还存在投入严重不足，基础设施薄弱，生态压力大等问题，严重阻碍了旱作区农业综合生产能力的进一步提高。

因此，针对阴山北麓农牧交错区干旱少雨、节水技术缺乏、水资源浪费严重、生产水平低等突出问题，研究适宜的旱作节水农业技术，建立旱作区节水、减蒸、雨水高效利用技术和抗旱播种保苗技术为核心的农艺农机一体化技术体系与模式，提高降水利用率和水分生产率，对该区域实现水资源高效利用，提高农业生产机械化水平，降低生产成本，增加生产效益，保护生态环境，促进阴山北北麓农业可持续发展具有重要意义。

二、国内外研究现状

（一）国外研究现状

世界范围内干旱及半干旱地区大约有50多个国家和地区，占全球陆地面积的40%（南极洲除外），居住着大约7亿多人口。在14亿hm^2耕地中，80%的农业生产，以自然降水为主，即雨养农业。目前，世界的雨养农业主要分布在俄罗斯、亚欧大陆的阿拉伯半岛、蒙古、伊朗中部和南部、北美洲的内陆高原、澳大利亚中西部、美国的西部大平原、非洲北部、南美洲的西部沿海地带。我国的雨养农业主要分布在西北、华北、东北和西南地区，此类旱作耕地面积约为0.67亿hm^2。

因此，随着经济的快速发展和人口的剧烈增长，人类的欲望已不再是简单的“生存”，经济效益和效率取代了稳定，随之而来的便是对传统农业自给自足现状的否定，使得人们对土地索求的欲望不断膨胀，导致干旱频频发生，水资源紧缺引发的矛盾日益突出，干旱缺水升级为全球范围内农业生产中的突出问题，亟待解决。

近年来，多项关于植物抗旱节水研究的项目陆续启动，研究探讨植物抗旱节水的生理及分子机理，从微观水平发掘调控抗旱节水的关键基因，为植物抗旱改良提供必要的研究基础和理论支撑。1998年，美国率先启动了科学基金“植物抗逆性基因组学”，在遗传学水平研究植物抗旱耐盐的分子基础，从基因组中筛选关键的抗旱耐盐相关基因。2003年，国际农业研究磋商小组，进一步启动“挑战计划”，研究植物遗传资源的多样性，开发利用抗旱资源中的优异基因，将作物抗旱性改良定义为最重要的研究目标。2年后，欧洲与非洲国家合作开展“IDUWUE”研究项目，与地中海地区合作开展“WUEMED”研究项目，通过改良硬粒小麦水分利用效率，提高其稳产性。同年，在意大利召开第二届国际植物抗旱研讨会，为从事抗旱节水研究者提供了磋商平台。

近半个世纪，旱地农业生产及科学研究在世界范围内都取得了可喜的研究成果，大量科研经验及技术方法得到积累，水资源的重视与保护也逐步上升到国家层面，政府给予高度重视。基于此，很多国家开展水分高效持续利用技术，比如微型集水区，即将集水区设为垄，种植区设为沟，此技术与中国的沟垄种植方式极为相似，这一技术大大提高了生产效率，推动了农业机械化水平的提高。在此基础上，多数科技发达国家将目标转向规模化生产，进一步规范工艺流程，促进技术产品标准化。因不同国家的自然环境差异大，资源特点不统一，社会经济状况不同，各国也在逐步发展和完善符合本国特点的旱作农业，形成具有各国特色的旱作农业的技术体系和耕作制度。

美国作为世界上旱作农业发展较好的国家，它的西部盆地和中部大平原的大部分都是旱地农业生产区，该区以保护性耕作为主要耕作制度，通过保护性耕作制度的开展，旱地农业得到了快速健康发展。受当时“黑风暴”影响，其旱作农业以保护性耕作制度的发展作为主要技术途径，即少耕和免耕、秸秆覆盖，化控除草的实施，由此实现了较好的保水、保肥、保土效果，大大提高了农作物的产量，为农民带来了更多的经济收益。

粮草轮作，即豆科牧草与农作物轮流种植，是澳大利亚旱作农业最主要的方式，以此实现对土壤有机质和土壤肥力的保护。受气候及投入水平制约，澳大利亚小麦产量水平约为2 000kg/hm^2，但先进的管理水平使得澳大利亚的农户产量与预期产量基本无差异。印度73%的耕地属旱地，其90%的豆类产品、75%的油料作物、70%的棉花及作为主粮的谷物中的46%，都来源于旱作农业。印度的集水种植是其旱作农业的主要方式，以工程集水为关键技术之一，利用蓄水池在降雨量少地区收集田间降雨，以此对农田进行补灌，促进作物生长发育。此外，将田间集水作为集水的重要补充方式，即通过收集周围平地或集水区的水分浇灌农作物，保证作物需水，来提高作物产量。再就是利用微型集水区集水，提高降雨利用效率。

（二）国内研究现状

中国虽然地大物博，但却是一个干旱缺水的国家，因人口众多，人均水资源占有量少，仅相当于世界平均水平的1/4，而单位面积的水资源量仅为世界平均的19%。农牧交错区旱地面积占我国总耕地面积60%以上，该区水资源紧缺问题突出，年均降水量低，约300～700mm，且降水量受年际和季节影响大。因干旱气候和人为因素的限制，以及该区的土壤沙化、退化问题，导致该区耕地中的中低产田占比大。同时，农民知识水平低，农业管理粗放，水资源利用效率低下，导致农作物单产水平低而不稳。但该区域的优点是昼夜温差大，光热资源充沛，有利于提高作物产量和改善农产品品质，由此可见农牧交错区在我国农业生产中的重要性。因此，发展农牧交错区旱作节水农业是提高水资源高效利用效率、增加粮食产量、保障粮食安全、促进农业可持续发展的需要。为加强对旱作节水农业建设工作的宏观指导，提高旱作节水农业项目的科学管理和决策水平，国家于2003年2月26日正式成立了“旱作节水农业项目专家组”以促进旱作节水农业的可持续发展。如上海农业生物基因中心与企业合作研发选育的“旱优73”，为三系籼型杂交节水抗旱稻新组合，该品种于2014年通过审定。经过适宜区的推广示范，综合性状表现优良，如产量高、品质优、抗性强、生育期适中等。

随着经济社会的快速发展，人口急剧增加，食物需求随着增加，导致近代旱作农业逐步加大旱区其他资源的开发利用，比如林牧业。此时，旱作农业的核心思想是对自然降水和自然资源充分开发利用，不再是简单地“听天由命，自给自足”，由此也促进了农业生产的进步。在技术方面，以原有的传统旱作农业为基础，发展新型现代农业，加强农田的基础建设，大力促进农林牧结合，开展蓄水保墒耕作，这些农业措施大大促进了保护性耕作和休耕轮作制度的发展，同时，耐旱作物品种选育也取得了显著成果。

根据特色国情，我国科技工作者汲取传统农业精华成分，创新我国的旱作节水技术，如早播抢墒、覆盖保墒、开沟探墒、镇压提墒、补水造墒等，促进农业生产快速前进。但此类农艺技术在规范化、规模化和机械化等方面仍然存在较大的弱点，尤其是丘陵坡地，制约我国现代农业发展的脚步。同时，由于技术推广能力和手段不足，研发滞后，成果普及不到位，配套技术示范不足，尚不能满足旱区现代农业发展需求。基于上述存在问题，科技工作者发挥利用地区特点，分区建立了不同的现代旱作农业模式。如利用甘肃镇原、宁夏海原冬春干旱、夏秋多雨的气候特点，实施压夏扩秋、双垄沟全覆膜种植模式；辽宁阜新的果粮间作模式；内蒙古农牧交错带、粮草条带防风固沙种植模式等。

因此，随着农村劳动力向城市的大规模转移及农村土地的集中流转，以抗旱播种保苗为核心技术的农艺农机一体化体系的研究应用，及创新型技术体系的开发与建立，可谓势在必行也迫在眉睫。

（三）技术发展趋势

1. 传统的地面灌溉技术向现代地面灌溉技术的方向发展

水资源日益短缺已逐步演变为世界范围内的难题，水分高效利用、优化配置迫在眉睫。因此，提升基础设施的配套，改善灌溉技术被提上日程，得到快速发展。伴随现代农业的规模化发展，现代地面灌溉技术取代传统的地面灌溉技术势在必行。如微集水技术，可最大限度富集降水，保水保墒，高效用水，促进产量提高。在这方面，山东省为我国的节水灌溉做出了榜样。山东省针对本省各地地形地貌特征及水资源特点，制定不同标准，发展不同的节水灌溉模式，大大提高了作物产量，力争实现节水灌溉的最优模式，并在全省提出建设节水示范区的建议。在宁夏南部山区进行的不同方式灌溉马铃薯的研究，发现：喷灌方式表现最差，滴灌在水分利用和水生产效率方面表现最好，马铃薯产量最高。

发达国家不但专注于节水模式的发展，同时专注研究喷、微灌技术，开发并应用节水灌溉工程，强化灌水质量，提升灌水工程运转效率。喷头作为喷灌技术的核心设备，一直是各国科技工作者关注的核心，以多功能、节能、低压等作为其研发目标。如美国目前已拥有不同摇臂形式、不同仰角及适用于不同目的的多功能喷头，节水效果显著。

2. 由单一传统种植模式向高科技高效益多元化节水种植模式方向发展

种植制度模式是社会发展过程的产物，是环境、经济、技术的有机结合。随着经济全球化，现行种植模式的主要发展趋势是资源的可持续利用、环境的健康发展、效益的稳步提升。在维持生态系统可持续发展前提下，最大限度合理开发自然资源，我国旱作农业的科技工作者提出了农牧林综合发展的高效节水农作制度、保护性耕作制度等，以此谋求在国际经济环境下的可持续发展。

3. 节水制剂与材料从单一功能向多功能发展

随着科技进步，主导市场的是低成本高效率的新型农业节水制剂，各类节水剂日趋标准化、系统化，且不断更新换代，从最初的天然材料到现在的人工合成材料，产品从低分子量发展为高分子量，从单一功能发展为多功能。仅1999—2000年两年时间，以授权专利计，全球范围内研制的农用节水新制剂就接近二百种，德、日、美三国研发的产品数量占据前三位。

我国虽起步晚，但也系统开展了功能型保水制剂、土壤表面覆盖材料、不同类型植物源抗旱节水制剂原材料的筛选、性能优化及应用效果验证等工作，发现生物质无环境负荷型保水制剂吸水倍率达100以上，释水效率达85%以上；磷钾赋肥保水功能新材料养分持续释放能力增加10～20倍，能较大幅度降低成本；新型气孔免疫植物蒸腾抑制剂的蒸腾抑制率35%以上；研制出有机无机复合型土壤扩蓄增容材料，应用后使土壤有效孔隙增加5%，土壤水分无效蒸发降低10%，作物水分利用效率提高20%。徐晓敏等研究发现，在玉米全生育期，使用抗旱节水制剂，能够有效减少玉米耗水量，保证玉米产量，同时大大提高水分利用效率。

（四）农牧交错区旱作节水农业未来发展趋势

1. 基础理论研究

以协调农牧交错区旱作农业生产和当地的自然环境关系为基础，探明制约降水潜力的限制因子，提出相应的技术途径；研究资源承载力，建立适宜的耕作制度。以不同耕作模式下，农田水分动态变化规律及作物水分供需平衡规律为主要研究内容，明确环境要素对旱作农田生态系统影响的机理，建立旱作农田生态系统环境容量评价指标体系，对农牧交错区水土资源承载力作出科学合理的评价。

2. 关键技术及产品研发

以保水保墒、提高水分利用率为重点，研究扩蓄增容与就地集水技术、作物高效用水技术以及保护性耕作技术（如秸秆还田、轮作休耕等），确定技术参数并制订适合农牧交错区的可操作技术规程。同时，研究抗旱节水剂对农作物的生理调控、低效水利用等，发掘作物抗旱节水潜能的关键技术，开发作物节水抗旱的决策系统。

3. 技术体系集成和示范

以提高农牧交错区旱作农业效益为目标，针对阴山北麓农牧交错区存在的水资源严重不足、风蚀沙化严重、经济效益低等突出问题，突出农业生产和生态系统可持续发展两个重点，研究农牧交错区旱作农业可持续发展的最优模式，开展降水高效利用的关键技术与配套技术集成，形成相应的技术体系并做出示范推广。

第三节 工作基础

依托内蒙古农牧业科学院、内蒙古大学、呼和浩特市得利新农机制造有限责任公司等单位的研究基础、平台条件、人才队伍、试验示范基地等科技资源，统筹安排，合理使用，确保项目顺利进行。

一、项目承担单位研究基础

（一）内蒙古自治区农牧业科学院

内蒙古自治区农牧业科学院现设有8个行政处室、12个专业研究所、2个中心和1个独立核算的二级单位。全院专业技术人员达435人。在学历上，拥有硕士以上学历的215人，占专业技术人员的49%；在职称上，副高级以上202人，占专业技术人员46%。院里拥有国家创新团队1个，自治区“草原英才”工程创新创业人才团队21个，高层次人才创新创业基地1个。拥有31个国家和自治区农作物、畜牧、草原等领域的研究中心、实验室、工作站、试验站和示范基地，主要研究领域为农作物、家畜、草原。优势学科是小麦、玉米、油用向日葵、马铃薯、甜菜、胡萝卜、小杂粮、旱作农业、肉牛、肉羊、绒山羊、动物营养、动物疫病防治、生态保护等。“十二五”期间，全院共承担各级各类科研项目706项，科研专项资金近4.2亿元，基本建设经费近1.8亿元，总计收入近6亿元，其中2015年全院共承担各级各类科研项目317项，取得的经费总额近1.1亿元，全院科技创新能力有了明显提升。

“十二五”期间，全院审（认）定农作物和牧草新品种61个，制定并发布地方标准、行业标准60项，获得国家专利50项，获得自治区科技进步三等奖以上奖励20项（其中，国家科技进步二等奖2项、自治区科技进步一等奖 5 项），在国内外各类刊物上发表论文 729 篇。

“十一五”以来，项目申报单位在农牧交错区保护性耕作、退化农田治理、生态保育、地力提升和旱作农业等方面，先后承担国家科技部、农业部及自治区有关农业保护性耕作、生态修复、旱作农业等重点、重大项目 30 余项，主要研究项目和科技成果有“干旱半干旱农牧交错区保护性耕作关键技术与装备的开发和应用”获 2010 年国家科学技术进步二等奖，“保护性耕作技术”获 2013 年国家科学技术进步二等奖，“农牧交错区旱作农田丰产高效关键技术与装备”获 2014 年内蒙古科技进步一等奖，“北方农牧交错风沙区农艺农机一体化可持续耕作技术创新与应用”获 2015 年中华农业科技奖一等奖，“农牧交错区旱作农田可持续耕作技术”获 2015 年中华农业科技奖一等奖，“农牧交错带农业综合发展和生态恢复重建技术体系与模式研究”获 2004 年自治区科技进步一等奖，2007 年“北方半干旱区集雨补灌节水农业综合技术体系集成”获自治区科技进步一等奖，“农牧交错区保护性耕作及杂草综合控制的技术研究与应用”获 2009 年内蒙古自治区科学技术进步一等奖，2010 年“活化腐殖酸生物肥料研制与应用”获自治区科技进步一等奖，2002 年“内蒙古自治区耕地保养与培肥模式”获自治区科技进步二等奖，“半干旱农田草原免耕丰产高效技术”获 2010 年全国农牧业丰收一等奖，2000 年主持的“阴山北麓坡耕地改造及农业综合增产技术”获农业部科技进步三等奖，2003 年“内蒙古自治区等高田技术推广”获农业部丰收计划一等奖，2003 年“油菜与马铃薯带状留茬间作”获内蒙古农牧业厅科技承包奖，2008 年“农牧交错带防沙型带状留茬耕作技术”获内蒙古丰收计划二等奖，“旱地农业保护性耕作及杂草防治的技术研究与推广”获 2009 年内蒙古丰收计划一等奖，“农牧交错带防沙型带状留茬耕作技术试验示范”获 2009 年内蒙古丰收计划二等奖。获授权和已公开国家发明专利 13 项、实用新型专利 20 余项，制定地方标准 20 余项。出版专著和主编著作 11 部、参编著作 10 余部，发表论文 150 余篇。所取得的成果在生产上得到应用，经济、社会和生态效益显著。

（二）内蒙古大学

内蒙古大学创建于1957年，是一所集教学、科研、管理于一体的综合性大学。1978年被确立为国家重点大学，1997年被列为国家“211工程”重点建设大学，2004年成为内蒙古自治区人民政府和国家教育部共建学校。现有4个校区，占地面积171万m^2。学校建立起了校院系三级建制、校院两级管理的管理体制，有1个博士学位授权一级学科点、19个二级学科博士学位授权点、8个硕士学位授权一级学科点、92个二级学科硕士学位授权点（含5个硕士专业学位授权点）、3个博士后流动站、59个本科专业、12个双学士学位专业。有4个国家级和2个自治区级基础科学研究和教学人才培养基地。有8个自治区重点学科，24个科研机构。有1个省部共建国家重点实验室培育基地、9个自治区重点实验室。

本项目具体实施单位生命科学学院现有教学科研人员101人，其中，具正高职称34人，副高职称26人；具博士学位41人，硕士学位25人；博士生导师24人，硕士生导师34人，有中国工程院院士1人，国务院学位委员会学科评议组成员1人，农业部科技委员会委员1人，教育部高等学校教学指导委员会委员2人，长江学者特聘教授1人。有全国“新世纪百千万人才工程”人选1人，教育部“新世纪优秀人才支持计划”2人，享受国家特殊津贴专家12人，自治区“321人才工程”人选4人，自治区高等教育“111工程”人选5人，国家、自治区有突出贡献的中青年专家4人，校内特聘教授1人。有14人次荣获国家级荣誉称号，17人次荣获自治区级荣誉称号。

内蒙古大学生命科学学院先后承担国家科技部、农业部及自治区有关生态恢复与重建、保护性耕作等重点、重大项目30余项，在农牧交错区先后开展了“干旱半干旱农牧交错区保护性耕作关键技术与装备的开发和应用”获2010年国家科学技术进步二等奖，“中国北方草地草畜平衡动态监测系统试验研究”1997年获国家科技进步二等奖，“内蒙古苔藓植物区系研究”1998年获教育部科技进步二等奖，“典型草原草地畜牧业优化生产模式研究”1998年获中国科学院科技进步三等奖，“农牧交错带生态系统恢复科技发展规划”2003年获内蒙古科技进步二等奖，“环境经济探索的机制与政策”2003年获内蒙古社科优秀成果一等奖，“农牧交错区保护性耕作及杂草综合控制的技术研究与应用”获2009年内蒙古自治区科学技术进步一等奖，“半干旱农田草原免耕丰产高效技术”获2010年全国农牧业丰收一等奖，“旱地农业保护性耕作及杂草防治的技术研究与推广”获2009年内蒙古丰收计划一等奖。这些技术成果实用性和可操作性较强，形成了适宜农牧交错区生态恢复与重建的技术体系。项目参加单位内蒙古大学具有与本课题相关研究的经历和良好的科研素质，并有长期从事科技示范与推广工作的基层工作经验，具备较高的创新意识与科研能力，有能力承担高层次科研任务。

（三）呼和浩特市得利新农机制造有限责任公司

呼和浩特市得利新农机制造有限责任公司成立于1998年（原呼和浩特市得利新技术设备厂），是自治区专业生产农牧业机械厂家之一。2003年1月获自治区民营科技企业称号。2011年公司投资2 000万元在金山开发区购置了2hm^{2}土地，建了新厂房、车间、试验室等。公司建厂以来研制了多项大型农牧业机械，取得科研成果5项，获国家专利4项。企业积极与科研院所横向联合，取得较好效果，如与中国农业大学合作研制出2BM－10A型免耕播种机，特别是2BMS－9A型小麦免耕播种机进入农业部首推目录，在8个部试验区推广，受到广泛好评，为自治区农机事业争了光；研制的系列马铃薯播种机、马铃薯收获机、中耕培土机、打秧机、风力发电、太阳能发电设备等产品在内蒙古、甘肃、陕西、河北等地批量销售，受到用户的广泛认可，使公司的知名度大大提高，成为自治区农机制造的龙头企业。企业一贯坚持“科学技术是第一生产力”的发展纲领，加大科技投入，吸引科技人才，重点研制科技含量高、附加值高的产品。企业销售效益逐年翻番，2011年企业销售额3 000多万元，利税300多万元。目前，企业已形成一定规模的农牧业机械生产能力，成为免耕播种机械和大型马铃薯机械的专业研发和生产企业。

二、平台基础

项目承担单位拥有内蒙古保护性农业研究中心、内蒙古保护性耕作工程技术研究中心、国家北方山区工程技术研究中心农牧交错区生态修复基地、国家引进国外智力成果示范推广基地、内蒙古自治区引进国外智力成果示范推广基地、中加栽培生理与生态实验室、中澳植物资源与栽培联合实验室、农业部农牧交错带生态环境重点野外科学观察试验站、国家北方山区工程技术研究中心农牧交错带生态修复基地、内蒙古自治区旱作农业重点实验室、生物技术研究中心、农业部农产品质量检测中心等科研平台，拥有一批国内领先的科研仪器设备，具备了开展农牧业高新技术研究的条件。内蒙古农牧业科学院资源环境与检测技术研究所拥有内蒙古最大的环境质量和农产品质量检测检验中心，具备对农业环境 200 多个产品 300 多个参数的检验能力，可以保障项目各项理化、生物性状的准确监测。在武川县建有 30 多年的旱作农业试验站，已成为“内蒙古旱作农业重点实验室”、农业部“农牧交错带生态环境重点野外科学观测试验站”，为开展本项目的研究与应用工作提供了重要研究基础和平台条件。

三、项目的成果基础

项目团队成员与本项目有关的研究成果如下：

(一) 科技项目

“十二五”以来，团队承担的主要项目有：2010 年 8 月至 2014 年 12 月，国家公益性行业科研专项“内蒙古阴山北麓风沙区抗旱补水播种保苗综合技术研究与示范”项目；2010 年 1 月至 2012 年 12 月，内蒙古财政厅开发办“保护性耕作玉米、小麦田间杂草综合控制技术区域示范与推广”土地治理项目；2011 年 1 月至 2015 年 12 月，国家现代农业产业技术体系“国家棉花产业技术体系试验研究项目”项目；2011 年 1 月至 2012 年 12

月，内蒙古科技计划“旱作农业与农业节水技术研究与示范——旱作农业节水技术集成与示范”项目；2012 年 1 月至 2016 年 12 月，“十二五”国家科技支撑“风沙半干旱区防蚀增效旱作农业技术集成与示范”项目；2012 年 1—12 月，“十二五”内蒙古科技计划“旱作农业与农业节水技术研究与示范”项目；2012 年 1—12 月，“十二五”内蒙古创新基金“旱农区农牧业可持续发展技术集成研究”项目；2012 年 1 月至 2015 年 12 月，国家自然科学基金“抗旱保水材料蓄水保墒生态机制研究”；2013 年 11 月至 2016 年 12 月，国家科技支撑计划“内蒙古旱区棉花新品种选育及配套技术研究与示范”项目；2013 年 1—12 月，内蒙古农牧业科技推广示范“小麦、玉米高产高效生产技术推广示范”项目；2014 年 1 月至 2016 年 12 月，国家科技支撑计划“内蒙古旱区棉花新品种选育及配套技术研究与示范”项目；2014 年 6 月至 2016 年 6 月，国家科技成果转化资金“农牧交错风沙区抗旱补水播种保苗关键技术与装备中试与示范”项目；2015 年 1 月至 2017 年 12 月，内蒙古科技计划项目“旱作农业关键技术研究与集成示范”项目；2015 年 1 月至 2016 年 12 月，国家星火计划“马铃薯抗旱节水丰产高效关键技术与装备的示范”项目；2016 年 1 月至 2018 年 12 月，内蒙古科技计划“农田轮作休耕可持续耕作关键技术研究与示范”项目；2016 年 1 月至 2017 年 12 月，内蒙古农牧业科技推广示范项目“秸秆留茬覆盖免少耕农田地力恢复与丰产技术示范推广”项目；等等。

（二）科技奖励成果

“十一五”以来，团队获得的主要科技奖励成果有：2010 年，“干旱半干旱农牧交错区保护性耕作关键技术与装备的开发和应用”，获国家科学技术进步二等奖；2013 年，“保护性耕作技术”，获国家科学技术进步二等奖；2008 年，“农牧交错区保护性耕作及杂草综合控制技术研究与应用”，获内蒙古科技进步一等奖；2014 年，“农牧交错区旱作农田丰产高效关键技术与装备”，获内蒙古科学技术进步一等奖；2015 年，“北方农牧交错风沙区农艺农机一体化可持续耕作技术创新与应用”，获中华农业科技一等奖；2015 年，“农牧交错区旱作农田可持续耕作技术”，获中华农业科技一等奖；2010年，“半干旱农田草原丰产高效技术”，获全国农牧渔业丰收计划一等奖；2014年，“保护性耕作综合配套技术与装备”，获内蒙古自治区丰收计划一等奖；2016年，“农牧交错区可持续耕作技术创新与应用”，获内蒙古自治区职工优秀技术创新成果一等奖；等等。

（三）科技鉴定成果

“十二五”以来，团队主要科技鉴定成果有：“北方农牧交错风沙区农艺农机一体化可持续耕作技术创新与应用”（中农（评价）字［2014］第92号）；“农牧交错风沙区抗旱补水播种保苗关键技术与装备”科学技术成果鉴定证书（内科鉴字［2013］第35号）；“农牧交错区秸秆覆盖（留茬）地免少耕节水丰产耕种技术”科学技术成果鉴定证书（内科鉴字［2013］第68号）；“保护性耕作耕作农田丰产高效杂草综合控制技术”2011年通过自治区科技厅组织的鉴定（内科鉴字［2011］第42号）；其他成果多项。

（四）科技成果推广鉴定报告

“十二五”以来，团队主要科技成果推广鉴定报告有：“2BM-10型小麦/玉米/杂粮免耕播种机”推广鉴定报告（NO（2010）NTJ018）；“2BMS-9A型免耕松土播种机”推广鉴定报告（NO（2010）NTJ017）；等等。

（五）农业机械推广鉴定证书

“十二五”以来，团队主要农业机械推广鉴定证书有“2BM-10型小麦/玉米/杂粮免耕播种机”推广鉴定证书、“2BMS-9A型免耕松土播种机”推广鉴定证书等。

（六）国家专利

“十二五”以来，团队授权的主要国家专利有40余件。

1. 授权国家发明专利

一种保护性耕作苗前除草用复配剂的制备方法（ZL 2013

10052990.9)、一种保护性耕作玉米田复配除草剂（ZL 2013 10052986.2)、一种保护性耕作恶性杂草除草剂的制备方法（ZL 2013 10053023.4)、一种保护性耕作小麦田复配除草剂（ZL 2013 10058261.4)、高垄垄侧双行覆膜滴灌种植方法及专用播种机（ZL 2013 10364429.4)、起垄覆膜播种机（ZL 2013 10364430.7)、一种用于旱地抗旱播种的联合机组（ZL 2013 10359672.7)、一种用于马铃薯播种机的可调式起垄刮板器（ZL 2015 11001026.9)、一种用于免耕播种的杂粮播种机（ZL 2013 10359014.8)、高垄垄侧双行覆膜滴灌种植方法及专用播种机（ZL 2013 10364429.4)。

2. 授权实用新型专利

免耕半精量播种机（ZL 2013 20503666.X)、种肥开沟器（ZL 2014 20407326.1)、马铃薯施肥播种铺膜联合作业机（ZL 2011 20296250.6)、马铃薯播种起垄作业机（ZL 2011 20296246.X)、覆膜播种联合机组两工位可折叠机架及联合作业机组（ZL 2013 20502875.2)、播种机用双薯勺取种器（ZL 2013 20509423.7)、马铃薯垄膜沟植播种联合机组（ZL 2013 20503545.5)、马铃薯播种起垄联合作业机（ZL 2011 002986.X)、一种深松机用新型深松铲（ZL 2014 20176989.7)、马铃薯收获机的分选机构（ZL 2014 20177197.1)、起垄覆膜播种机用起垄整形器（ZL 2013 20509212.3)、一种播种机用镇压机构（ZL 2014 20407367.0)、一种地轮驱动排肥机构（ZL 2014 20407356.2)、双层抖动链马铃薯收获机（ZL 2015 20068579.5)、马铃薯起垄覆膜播种机（ZL 2013 20509157.8)、一种田间作业播种机用圆盘可调式起垄器（ZL 2015 21108499.4)、一种块根类作物打叶机（ZL 2017 21229021.6)、一种播种机用新型起垄整形装置（ZL 2015 21108496.0)、一种田间作业挖掘机用集条压垄器（ZL 2015 21108511.1)、一种用于马铃薯播种机的新型取种器（ZL 2015 21108459.X)、新型可调式起垄成形机（ZL 2017 21308720.X)、一种多向可调式地膜圆盘覆土机构（ZL 2017 21308718.2)、一种新型农田用石块捡拾机（ZL 2017 21223251.1)、一种新型肥料与种子装载机（ZL 2017 21253784.4)、一种免耕播种机用的新型凿式开沟器（ZL 2017

21177372.7)、一种马铃薯收获机前置收拢装置(ZL 2017 21308719.7)、一种马铃薯播种与喷药联合作业机(ZL 2017 21204418.X)、一种新型马铃薯挖掘机尾筛装置(ZL 2017 20775944.5)、一种块根类作物收获机(ZL 2017 21229023.5)、一种棉花半精量播种机上用的分层施肥机构(ZL 2016 20375794.4)、棉花中耕施肥机(ZL 2017 21204420.7)。

(七)著作

"十二五"以来,团队出版的主要著作有:路战远著《中国北方农牧交错带生态农业产业化发展研究》(ISBN978-7-109-22019-5),中国农业出版社,2016年10月;路战远、张德健、李洪文主编《保护性耕作玉米小麦田间杂草防除》(ISBN978-7-80595-090-7),远方出版社,2010年6月;张德健、路战远编著《保护性耕作农田杂草综合控制》(ISBN978-7-81115-886-1),内蒙古大学出版社,2010年10月;路战远、程国彦、张德健主编《农牧交错区保护性耕作技术》(蒙汉对照)(ISBN978-7-110-07592-0/S.484),科学普及出版社,2010年10月;王玉芬、张德健、路战远编著《保护性耕作大豆田间杂草防除》(ISBN978-7-5665-0417-3),内蒙古大学出版社,2013年8月;何进、路战远主编《保护性耕作技术》(ISBN978-7-110-07608-8),科学普及出版社,2009年6月;路战远参编《中国保护性耕作制》(ISBN978-7-5655-0258-3),中国农业大学出版社,2010年12月;路战远、张德健参编《农牧交错区风沙区保护性耕作研究》(ISBN978-7-109-14946-5),中国农业出版社,2010年8月;等等。

(八)论文

"十二五"以来,团队发表的主要论文有:Zhan Yan Lu,"Based on the Context of Globalization Study on Regional Sustainable Development—ACase Study in Inner Mongolia. Journal of Agriculture",Journal of Agriculture,Biotechnology and Ecology,2010-06;Zhan Yan Lu,"Effects of Mixed Salt Stress on Germination Percentage and Protection System of

Oat Seedling", Advance Journal of Food Science and Technology, 2013-10; Zhan Yan Lu, "Absorption and Accumulation of Heavy Metal Pollutants in Roadside Soil-Plant Systems", Risk Assessment, 2011-12; De Jian Zhang, Zhan Yan Lu, Xuming Ma, "A Study on Existing Questions and Policies of Weeds Control in Comservation Wheat, Maize and Soybean Fields", Collection of Extent Abstracts, 2004-11；路战远等，《基于生态效率的区域资源环境绩效特征》，《中国人口·资源与环境》，2010 年 10 月；路战远等，《全球生态赤字背景下的内蒙古生态承载力与发展力研究》，《内蒙古社会科学》，2010 年 11 月；路战远、张德健等，《不同耕作措施对玉米产量和土壤理化性质的影响》，《中国农学通报》，2014 年 12 月；路战远、张德健等，《不同耕作条件下玉米光合特性的差异》，《华北农学报》，2014 年 4 月；路战远、张德健等，《农牧交错区保护性耕作玉米田杂草发生规律及防除技术》，《河南农业科学》，2007 年 12 月；路战远、张德健等，《保护性耕作燕麦田杂草综合控制研究》，《干旱地区农业研究》，2014 年 8 月；路战远、张德健等，《内蒙古保护性耕作技术发展现状和有关问题的思考》，《内蒙古农业科技》，2009 年 6 月；王玉芬、路战远、张向前、张德健等，《化学除草剂对保护性耕作大豆田杂草防除的影响》，《大豆科学》，2013 年 8 月；王玉芬、张德健、路战远等，《阴山北麓性耕作油菜田间杂草控制试验》，《山西农业科学》，2011 年 5 月；张德健、路战远、王玉芬等，《农牧交错区保护性耕作油菜田间杂草发生规律及防控技术研究》，《河南农业科学》，2009 年第 4 期；张德健、路战远等，《农牧交错区保护性耕作小麦田间杂草发生规律及控制技术》，《安徽农业科学》，2008 年 4 月。其他论文 50 余篇。

第二章

主要研究内容和目标

第一节　主要研究内容

一、抗旱播种保苗相关应用基础研究

（一）垄膜沟植雨水集蓄及水分运移规律研究

在阴山北麓开展沟植区雨水集蓄及水分运移规律研究和起垄高度、宽度与沟植区降水蓄积量关系的研究，提出与阴山北麓立地条件相适应的马铃薯垄膜沟植技术参考指标。

（二）膜下滴灌补水对成苗影响的研究

在阴山北麓开展马铃薯膜下滴灌补水量、补水时间、补灌次数对马铃薯等作物出苗、成苗及作物产量影响的研究，明确与气候条件、土壤类型、马铃薯品种相适应的滴灌补水量化参考指标。

二、坡耕地抗旱播种保苗关键技术与装备研究

（一）垄膜沟植抗旱播种关键技术及配套机具研究

针对该区域降水总量少、小雨次数多的特点，利用起垄覆膜的集雨作用变无效降雨为有效降雨，大幅度提高沟植区耕层土壤水分蓄积量，减少水土流失与风沙危害，大幅度提高作业效率和效果，降低生产成本。具体研究内容如下：

1. 作物垄膜沟植抗旱播种关键技术研究

在阴山北麓调研抗旱补水播种生产现状，了解和掌握抗旱播种存在的技术问题，在垄膜沟植雨水集蓄及水分运移规律研究的基础上，开展在阴山北麓马铃薯、向日葵等作物垄膜沟植抗旱种植关键技术研究与

应用。

2. 马铃薯起垄覆膜播种机具的研制、改进与选型

在内蒙古和相邻省市马铃薯种植区，充分调研和掌握马铃薯覆膜播种机具研制、生产与应用现状和存在的问题，结合阴山北麓立地条件和生产特点，开展马铃薯起垄覆膜播种机具的研制与改进工作，形成1～2种适宜机型，并进行批量生产及田间试验与考核。

（二）膜下滴灌与补水成苗关键技术及配套机具研究

针对长城沿线坡耕地水资源缺乏、靠天吃饭的现状，利用有限水资源进行补充灌溉，提高成苗率和用水效益，扩大有效补灌面积，实现旱区水资源高效利用和作物稳产增收。主要研究内容如下：

1. 开展马铃薯膜下滴灌与补水成苗技术研究

在阴山北麓调研和掌握膜下滴灌技术的适用作物、滴灌方法、覆膜方式等现状，把握马铃薯膜下滴灌与补水成苗技术中存在的主要问题，在膜下滴灌补水对成苗影响研究的基础上，开展膜下滴灌与补水成苗关键技术研究与应用。

2. 马铃薯膜下滴灌播种机具的研制、改进与选型

在内蒙古和相邻省市马铃薯种植区，充分调研和掌握马铃薯膜下滴灌播种机具研制、生产与应用的现状和存在的问题，结合阴山北麓立地条件和生产特点及已有研究基础，开展马铃薯膜下滴灌播种机具的研制与改进工作，形成1～2种适宜机型，并进行批量生产和大面积推广应用。

（三）种子抗旱处理关键技术及小杂粮播种机具研究

调研和把握国内外主要旱作农作物种子抗旱保水剂的主要种类、应用情况，研究筛选适宜阴山北麓马铃薯、燕麦等主要农作物种子抗旱处理保水剂及其施用技术、配套播种机具及其施用技术，提高作物出苗与成苗率和播种机械化水平。主要研究内容如下：

1. 种子抗旱处理关键技术研究

传统处理手段以浸种、晒种为主，技术含量低、效果差。已有的作物保水剂应用存在成本高、技术难度大等问题，开展种子抗旱处理剂的研制与应用技术的研究，形成马铃薯、燕麦等作物适宜抗旱处理剂 2～3 种，并研究形成与之配套抗旱保苗技术。

2. 小杂粮播种机具的研制、改进与选型

在阴山北麓充分调研和掌握小杂粮播种机具的研制、生产与应用现状和存在的主要问题，结合阴山北麓地形地貌和土壤条件，在已有研究的基础上，开展小杂粮播种机具的研制、改进与选型工作，形成 1～2 种适宜机型，并大面积推广应用。

三、主要作物抗旱补水播种（栽植）保苗技术规程研制

围绕阴山北麓马铃薯、油用向日葵等主要作物抗旱补水播种保苗技术，重点研发从土壤耕作、覆盖保墒、苗床制备、品种选择、种子处理、补水播种（育苗移栽）、补灌保苗等环节的系列技术和主要环节机械化实现技术，利用 2～3 年的时间，研究形成马铃薯抗旱播种保苗技术规程，并大面积推广应用。

四、区域抗旱补水播种保苗综合技术示范与应用

根据阴山北麓气候、地形和作物等条件特点，选择具有前期工作基础、项目实施条件和有代表性的地区，建立核心示范区，并大面积辐射应用。

第二节　研究目标

项目（课题）主要针对阴山北麓农牧交错区干旱少雨、节水技术缺乏、水资源浪费严重、生产水平低等突出问题，系统开展雨水集蓄与利用、作物水分效应与节水措施等理论与技术研究，创新抗旱播种、滴灌补水、抗旱剂应用、保苗成苗等关键技术，研发马铃薯、向日葵等主要作物垄膜沟植、膜下滴灌和抗旱补水播种等机械装备，建立具有阴山北麓区域特点的马铃薯等作物抗旱补水播种保苗农艺农机一体化综合配套技术体系及机具系统，为阴山北麓旱作农业高产稳产高效提供技术支撑。

核心示范区马铃薯、向日葵、燕麦等作物适期播种率达80%以上，播种保苗率达90%以上。作物产量提高10%～20%，生产成本降低10%以上，平均亩增效益80～100元。示范田粮食产量提高10%以上，机械化水平提高到50%以上，实现自然降水高效利用和区域水资源的可持续利用。

第三节　技术路线

项目（课题）针对阴山北麓农牧交错区干旱少雨、节水技术缺乏、水资源浪费严重、生产水平低等突出问题，围绕研究目标和主要研究内容，制订切实可行的研究计划和实施方案，各主要参加单位分工合作，保证项目顺利实施；在已有研究成果的基础上，结合野外调查和实验手段，研究揭示垄膜沟植与雨水集蓄及水分运移规律，阐明了起垄高度、宽度与沟植区降水蓄积量的关系，提出了与气候条件、土壤类型、作物品种相适应的膜下滴灌补水量的量化参考指标；基于农艺技术指标和生产发展要求，研

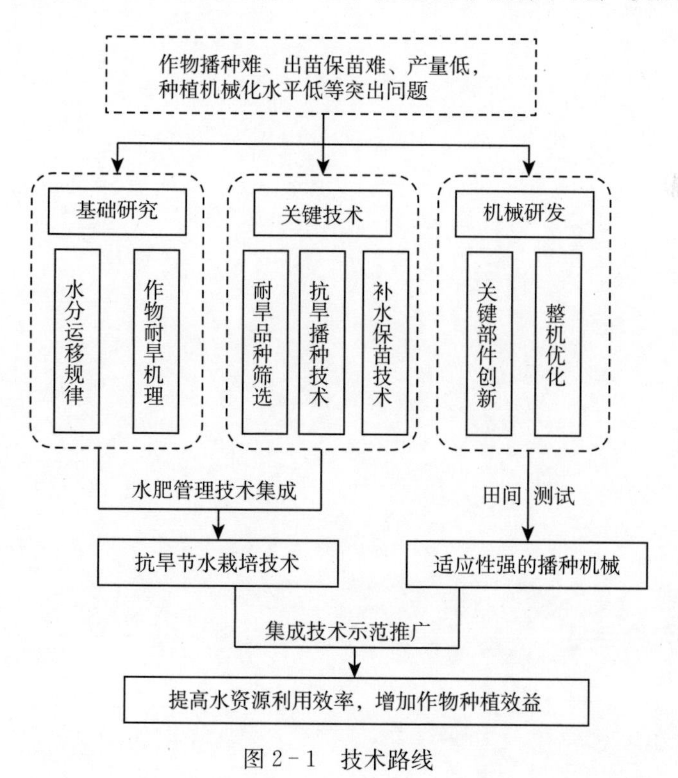

图 2－1　技术路线

发马铃薯、向日葵等主要作物垄膜沟植、膜下滴灌、种子抗旱处理、精量播种和抗旱补水播种等关键技术与配套装备；通过农艺与农机技术结合、单项技术与集成技术相结合，建立具有阴山北麓区域特点的马铃薯垄膜沟植、膜下滴灌等抗旱补水播种保苗农艺农机一体化综合技术体系，制定出马铃薯抗旱补水播种保苗农艺农机一体化技术规程，在阴山北麓地区大面积示范推广。

第 三 章

试验设计与研究方法

第一节 试验区概况

一、呼和浩特市武川县试验区概况

武川县位于内蒙古高原的南缘，地理位置为东经 110°30′～115°53′、北纬 40°47′～41°43′N。东西长约 110km，南北宽约 60km，海拔 1 600m，土壤为栗钙土，属中温带大陆型季风气候，春季干旱多风沙，降雨集中在夏季，是北方农牧交错带典型代表区域。武川县降水少，分配不均，有效性差，多年平均降水量 350mm，年平均气温 3℃，无霜期 95～110d，年大于 6 级大风日数 39d。土壤为栗钙土，质地偏沙，易受侵蚀。现有耕地 17.3 万 hm^2，其中坡旱地约 15.3 万 hm^2、水浇地 0.6 万 hm^2、旱平地 1.4 万 hm^2，是典型的以旱作为主的农业县。全县风蚀面积达2 600km^2，年土壤风蚀深度 1～2cm，风蚀总量 62 100 万 kg，导致土地退化、沙化严重，生产力不断下降。

二、乌兰察布市四子王旗试验区概况

四子王旗位于东经 41°10′～43°22′、北纬 110°20′～113°29′。海拔高度 1 000～2 100m，相对高差 1 100m。地处中温带大陆性季风气候区，干旱、少雨、多风和蒸发量大是该旗的显著特点。年平均气温在 1～6℃，历年平均降水量在 110～350mm。平均无霜期 108d。地表土质为淡栗钙土、棕钙土，土壤含沙量大且疏松，植被拦截水土流失的能力差。

第二节　试验材料与方法

一、试验材料

（一）主要作物品种

试验共涉及马铃薯品种12个、向日葵品种13个、燕麦品种5个。

垄膜沟植和滴灌补水试验的马铃薯品种为克新一号；马铃薯抗旱品种筛选试验的主要品种有底西芮、冀张薯、费乌瑞它、紫花白、夏波地、荷兰15、细皮B、铃田红彩、康尼贝克、铃田99、早大白。

向日葵抗旱品种筛选试验的主要品种有科阳7号、LD1355、T9938、RH318、SK909、LD5009、KC911、HK309、HK306、内葵杂4、T562、K0812、S31。

燕麦抗旱品种筛选试验的主要品种有普通农家品种、燕科1号、草莜1号、保罗、9626等。

（二）主要保水剂

试验共涉及抗旱保水剂12种。

农林保水剂（广州市骏卓有机肥料有限公司），旱立停（湖南省海洋生物工程有限公司），沃特拌种剂（胜利油田长安集团），FA旱地龙（新疆汇通旱地龙腐植酸有限责任公司），MFB多功能保水剂（陕西省农科院测试中心），农用保水剂1、2、3、4号（法国爱森公司），农用保水剂1号、3号（北京绿色奇点科技发展有限公司），农用保水剂（山东泽宇新材料科技有限公司）。

（三）其他试验材料

覆膜栽培试验采用厚 0.008mm、宽 700mm 和 900mm 的地膜；种肥为撒可富硫酸钾型土豆专用肥（中国—阿拉伯化肥有限公司生产，养分含量 N∶P_2O_5∶K_2O=12∶19∶16）；滴灌带为瑞盛—亚美特 RY125 型，流量 1.75L/h·10m，管径 15.9mm，最大工作压力 14MPa。

二、试验设计与方法

围绕课题研究内容，连续开展了 3 年的田间试验，累计进行 40 多项试验，共 1 000 多个小区，试验用地 $4hm^2$。

（一）滴灌补水成苗机理及关键技术研究

针对马铃薯平作覆膜滴灌、半高垄覆膜滴灌、高垄滴灌、高垄覆膜滴灌等主要栽培模式，分别开展滴灌量、滴灌时期、补水方式的系列试验，测定补水前后土壤的温湿度动态变化规律，观察出苗保苗率和增产效果，研究马铃薯滴灌保苗机理及灌溉指标。

滴灌量试验设播种后 5～10d 滴灌补水 $2～15m^3/667m^2$ 不同水量梯度与不补水对照等处理，三次重复，小区面积 $30～50m^2$；滴灌时期试验设播种后 1～25d 的不同时期进行滴灌补水，补水量 $8～9m^3/667m^2$，另设不补水对照，三次重复，小区面积 $30～50m^2$；补水方式试验设播种后分 1 次、2 次、3 次补水，总补水量 $8m^3/667m^2$，另设不补水对照，三次重复，小区面积 $30～50m^2$。每小区用水表单独控制滴灌水量。

（二）垄膜沟植基础理论与关键技术研究

采用人工降水模拟试验和自然降水的田间小区试验相结合的方式进行研究。通过测定土壤剖面水分变化，研究垄膜沟植的集雨效应，并进一步通过观察测定出苗保苗率及增产效果，研究垄膜沟植技术的综合生产效益。

人工降水模拟试验设置了平作和50cm宽度的垄膜沟植两个主处理，分别进行人工降水0mm、3mm、6mm、9mm、12mm、15mm 6个副处理，三次重复，小区面积$5m^2$。通过测定人工降水24h后的土壤剖面水分变化，研究垄膜沟植的集雨效应。

自然降水田间小区试验起垄覆膜，一膜双行，选择马铃薯、向日葵两种作物，采用等株距40cm或等密度的播种方式，设置了30cm、40cm、50cm、60cm、70cm 5个不同垄沟宽度，以平作、平作覆膜为对照比较，共7个处理，三次重复，小区面积30～$50m^2$。

（三）作物抗旱品种及抗旱保水剂筛选

进行马铃薯、向日葵和燕麦抗旱品种的筛选以及抗旱保水剂的筛选，并进一步开展种子抗旱处理技术研究，测定作物的叶绿素含量、光合作用指标、脯氨酸含量、叶面积指数及出苗率、产量等指标，明确作物品种抗旱能力和抗旱保水剂效果。

马铃薯抗旱品种筛选试验选择底西芮、冀张薯、费乌瑞它、紫花白、夏波地等11个常用品种进行试验，向日葵抗旱品种筛选试验选择科阳7号等12个品种进行试验，燕麦抗旱品种筛选试验选择普通农家品种、燕科1号等5个品种进行试验，保水剂筛选试验选择农林保水剂等12种抗旱保水剂进行试验。三次重复，小区面积30～$50m^2$。

（四）种子抗旱处理及抗旱播种关键技术研究

马铃薯种子处理方法选取催芽、拌种、整薯及2种大小不同切块薯等方法，共8个处理，三次重复，小区面积$50m^2$。

与抗旱保水剂结合的马铃薯抗旱处理试验为5个处理，分别为：对照（切块50g左右）、整薯（50g左右）、切块＋富思德（富思德用量为$30kg/hm^2$）、切块＋旱立停（旱立停用量为$2.250kg/hm^2$）和切块＋腐植酸保水剂（腐植酸用量为$300kg/hm^2$）。三次重复，小区面积$50m^2$。

马铃薯抗旱播种试验为5个处理，分别为：平作、平作＋覆膜（膜面保持40cm左右）、起垄＋覆膜（膜面保持40cm左右）、起垄＋覆膜＋腐植酸（腐植酸用量为 300kg/hm^2）和起垄＋覆膜＋旱立停（旱立停用量为 2.250kg/hm^2）。

向日葵抗旱播种试验设计全覆膜垄作、全覆膜平作、半覆膜垄作、半覆膜平作、露地平作共 5 个处理，小区面积 30m^2，三次重复。

（五）配套装备的研发

根据田间农艺试验结果，总结提出有关装备的设计要求，改型设计马铃薯膜下滴灌播种机、马铃薯垄膜沟植播种机、向日葵垄膜沟植播种机和杂粮播种机等机具，并生产第一代样机进行田间测试。根据测试结果改进设计后生产第二代样机进行生产考核、检测鉴定和示范推广。

第四章 试验结果与分析

第一节　滴灌补水成苗机理及关键技术

根据不同栽培模式下滴灌水量和滴灌时期进行系统研究的试验结果表明，马铃薯播种后进行滴灌补水可以使马铃薯早出苗、苗齐苗壮，显著提高马铃薯出苗率和产量，土壤墒情差的情况下效果尤其显著。马铃薯出苗前滴灌1次即可满足出苗需要，平作膜下滴灌的最佳补水量为6～9m^3/667m^2，半高垄、高垄膜下滴灌的最佳补水量为8～11m^3/667m^2。滴灌时根据土壤墒情确定滴灌量，土壤墒情好时适当减少滴灌水量，播种后早进行滴灌有利于马铃薯出苗，应在播种后7d内尽早进行滴灌补水。

一、平作马铃薯膜下滴灌抗旱保苗技术

（一）滴灌量

在阴山北麓典型旱作区，采用膜下滴灌补充灌溉对提高马铃薯出苗保苗率有显著作用，不同补灌水量的保苗试验结果表明（图4-1），在马铃薯播期补灌3m^3/667m^2、6m^3/667m^2、9m^3/667m^2、12m^3/667m^2、15m^3/667m^2时，提早出苗期4～6d，提高出苗保苗率3.5%～11.5%。以补水6m^3/667m^2以上效果为好，出苗保苗率可以达到95%以上，补水6～15m^3/667m^2的效果相近似，均能达到保全苗的效果。

提高保苗率的主要原因是补灌大幅度增加了土壤0～30cm土层的含水量（图4-2），采用滴灌补水6～15m^3/667m^2，使10～20cm耕层土壤含水量从25.9mm提高到32.6mm，使20～30cm耕层土壤含水量从31.0mm提高到37.2mm，从而保障了马铃薯的正常出苗。

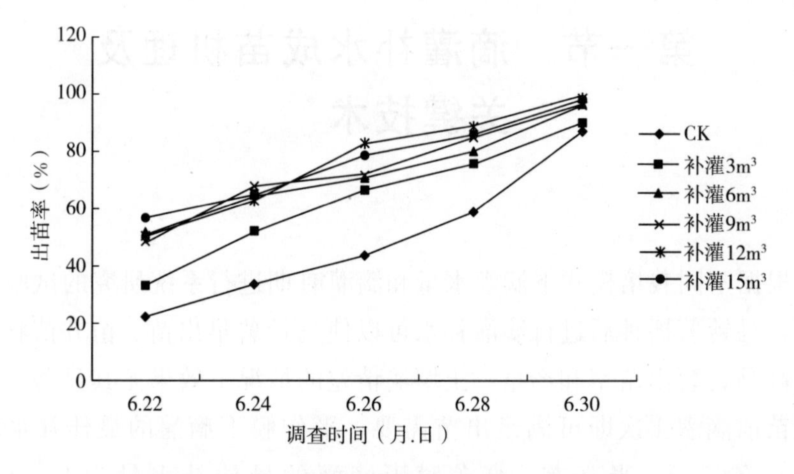

图 4-1　不同滴灌补水量对马铃薯出苗率的影响

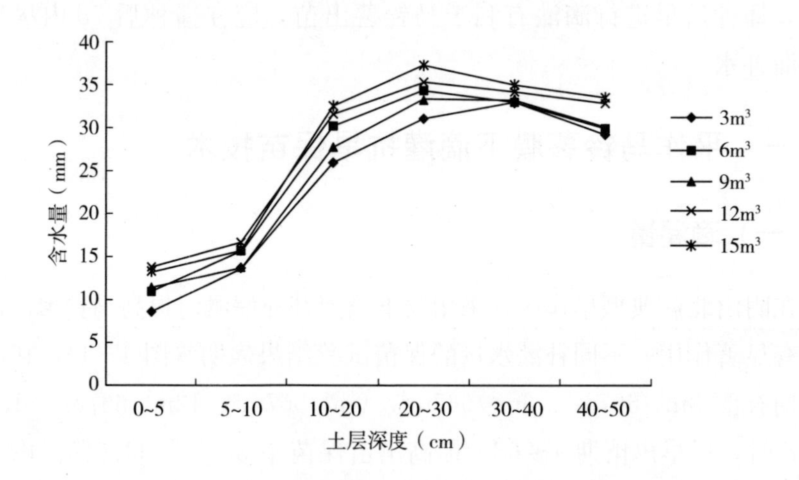

图 4-2　不同滴灌补水量对马铃薯田土壤含水量的影响

采用滴灌补水 $6m^3/667m^2$ 以上，不仅提高了出苗率，同时还具有显著增产效果（表 4-1）。马铃薯播期补灌 $3m^3/667m^2$ 以上，增产效果就能够达到显著水平；补灌 $3\sim15m^3/667m^2$，增产幅度 8.9%～27.6%，其中补灌 $6\sim15m^3/667m^2$ 的增产效果相近似。

表 4-1 不同滴灌补水对马铃薯单产的影响

单位：kg/667m²

处理	重复Ⅰ	重复Ⅱ	重复Ⅲ	平均产量	增产	增幅（%）
对照	1 450.0	1 483.0	1 413.0	1 448.7d	—	—
补灌 3m³	1 566.7	1 593.3	1 573.3	1 577.8c	129.1	8.9
补灌 6m³	1 763.3	1 600.0	1 713.3	1 692.2b	243.6	16.8
补灌 9m³	1 856.7	1 806.7	1 880.0	1 847.8a	399.1	27.6
补灌 12m³	1 770.0	1 766.7	1 666.7	1 734.5b	285.8	19.7
补灌 15m³	1 700.0	1 766.7	1 713.3	1 726.7b	278.0	19.2

注：a、b、c、d 表示不同处理间在 $P<0.05$ 水平下显著。

（二）滴灌时间

不同灌水时间的对比试验结果表明，播种后 4d、7d、10d、13d、16d 滴灌补水 9m³/667m²，播种第 22d 的出苗率分别为 46.5%、33.1%、41.0%、31.5%、16.0%，而对照（不滴）的出苗率仅为 4.7%，滴灌补水均提高了马铃薯出苗率，促进了马铃薯早出苗。

表 4-2 不同滴灌时间对平作膜下滴灌马铃薯出苗的影响

处理	播后 4d	播后 7d	播后 10d	播后 13d	播后 16d	对照
出苗始期（月．日）	6.1	6.1	6.2	6.3	6.4	6.7
最终出苗率（%）	99.3aA	97.7aA	97.7aA	96aA	95.8aA	84.7bB

注：a、b 表示不同处理间在 $P<0.05$ 水平下显著；A、B 表示不同处理间在 $P<0.01$ 水平下极显著。

从表 4-2 可以看出，滴灌能够提早马铃薯出苗 3～6d。从各处理的最终出苗率看，播种后 4d、7d、10d、13d、16d 滴灌的出苗率分别为 99.3%、97.7%、97.7%、96.0%、95.8%，而对照（不滴）出苗率为 84.7%。播后苗前补灌各处理较对照出苗率分别增加了 14.6、13.0、13.0、11.3、11.1 个百分点。播种后 4d 补灌处理马铃薯出苗最好，随着补灌时间的推迟，马铃薯出苗日期延后，出苗率呈下降趋势。

对各小区产量进行方差分析，结果表明（表 4-3）：组内（重复间）

的差异不显著，组间（补灌各处理间）的差异达显著水平，这说明苗期补灌处理是引起马铃薯产量变异的主要因素。由表 4-2 所示的各处理平均产量可知，播种后 4d、7d、10d、13d、16d 滴灌各处理产量分别较对照产量提高了 22.69%、23.49%、20.88%、19.88%和 17.07%，播后 7d 滴灌处理产量提高幅度最大。

表 4-3　苗前补水时间对马铃薯产量的影响

处理	4d	7d	10d	13d	16d	CK
产量（$kg/667m^2$）	1 811.28aA	1 823.13aA	1 784.6aA	1 769.77aA	1 728.27bA	1 476.29cB
增产（%）	22.69	23.49	20.88	19.88	17.07	—

注：a、b、c 表示不同处理间在 $P<0.05$ 水平下显著；A、B 表示不同处理间在 $P<0.01$ 水平下极显著。

二、高垄马铃薯膜下滴灌抗旱保苗技术

（一）滴灌量

试验结果表明，随着滴灌补水量的增加，马铃薯开始出苗的日期逐渐提前，补水处理出苗比对照提前出苗 4～7d；在 $2\sim8m^3/667m^2$ 范围内，随补水量增加，马铃薯出苗率增加，$11\sim14m^3/667m^2$ 处理出苗率比 $8m^3/667m^2$ 处理有所降低。补水处理马铃薯出苗率均高于对照处理，差异极显著（图 4-3）。

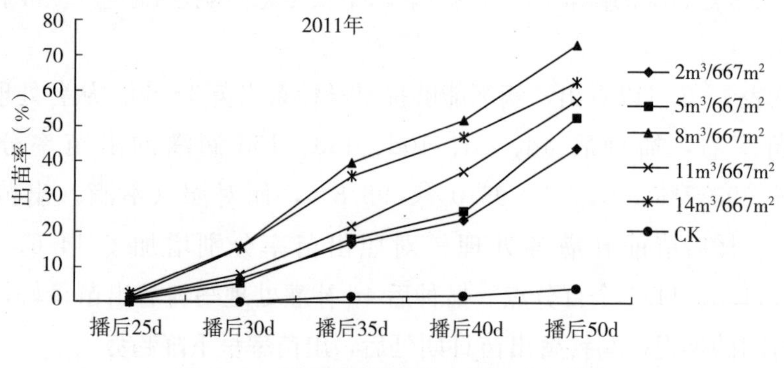

图 4-3　高垄覆膜滴灌补水量试验出苗率

试验结果表明，滴灌补水处理比不滴灌的处理马铃薯早出苗1～2d，出苗率提高14.2～21.5个百分点，滴灌 $8m^3$ 和 $11m^3$ 的处理出苗最好。2013年试验的出苗结果（图4-4）进一步表明，马铃薯播种后进行适量的滴灌补水是十分必要的。

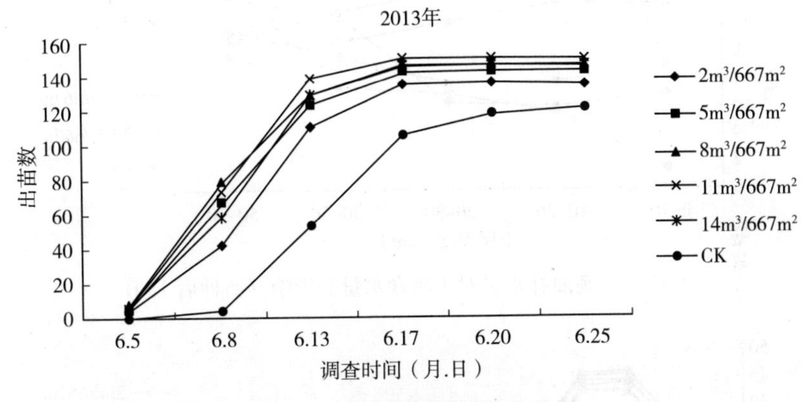

图4-4　高垄覆膜滴灌出苗动态

在滴灌后第5d土壤含水量测定结果表明，$5\sim14m^3/667m^2$ 补水处理0～70cm土壤含水量大幅增加，其中以0～30cm增幅最为明显（图4-5）；播种后30d（滴灌后20d），补水处理土壤含水量仍然高于对照处理（表4-4）。耕层内土壤含水量的差异，是影响出苗的主要原因。

表4-4　马铃薯高垄膜下滴灌补水量对土壤含水量的影响（播种后30d）

处理	土壤含水量（%）				
	0～10cm	10～20cm	20～30cm	30～50cm	50～70cm
$2m^3/667m^2$	1.07	5.41	8.48	11.21	9.85
$5m^3/667m^2$	2.92	5.49	6.79	10.07	11.18
$8m^3/667m^2$	5.18	7.44	8.31	10.09	10.71
$11m^3/667m^2$	9.59	12.63	12.94	11.27	12.28
$14m^3/667m^2$	9.23	13.04	10.17	10.28	10.69
CK	0.68	4.07	7.00	6.33	8.74

通过对5～25cm地温的监测，以5cm处的温度波动最为剧烈。最高温出现在14：00～16：00，各处理均达到40℃以上，对照处理最高温达

到45.7℃（图4-6）。高温可能烧死萌发的马铃薯芽，致使不能出苗，是影响马铃薯出苗的另一个重要因素。

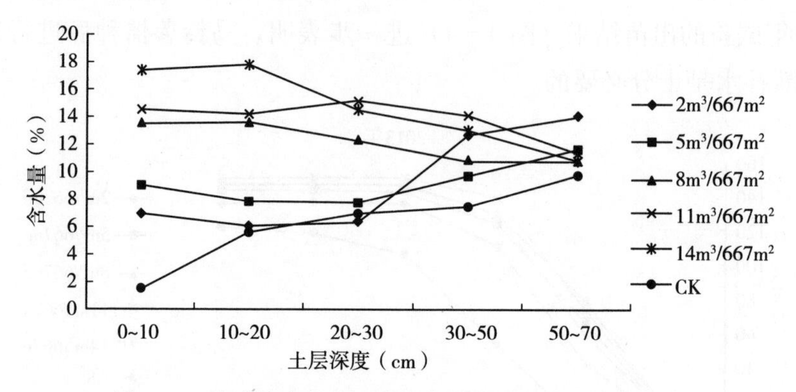

图4-5　滴灌补水量对土壤含水量的影响（播种后15d）

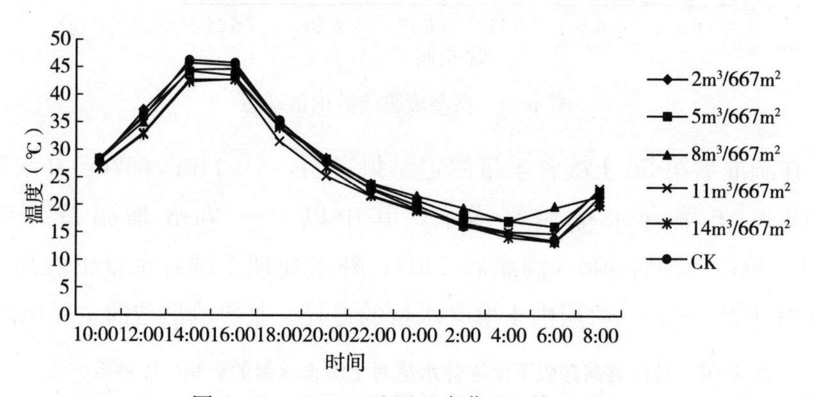

图4-6　0～5cm地温日变化（6月15日）

测产结果表明（表4-5），滴灌处理比苗期未进行滴灌的处理增产12.7%～29.3%，其中滴灌8m³的处理产量最高，其次是滴灌11m³和5m³的处理，滴灌水量从8m³增加到14m³，产量呈下降趋势。

表4-5　不同滴灌量对高垄膜下滴灌马铃薯产量的影响

处理	2m³	5m³	8m³	11m³	14m³	对照
产量（kg/667m²）	1 882.6cB	2 040.17aA	2 158.7aA	2 068.7aA	1 960.7bAB	1 669.9dC
增产（%）	12.7	22.2	29.3	23.9	17.4	—

注：a、b、c、d表示不同处理间在$P<0.05$水平下显著；A、B、C表示不同处理间在$P<0.01$水平下极显著。

（二）滴灌时间与方式

通过初步试验结果（图 4－7）可以看出，在覆膜垄作的条件下，播种后第 5d 补水的效果最好，出苗时间比对照提前 11d。随着补水时间的推迟，马铃薯出苗时间推迟、出苗率降低。在补水总量相同、初次补水时间相同的情况下，分次补水并不能促进马铃薯出苗，相反，由于单次的补水量偏低，马铃薯的出苗率低于一次补水。

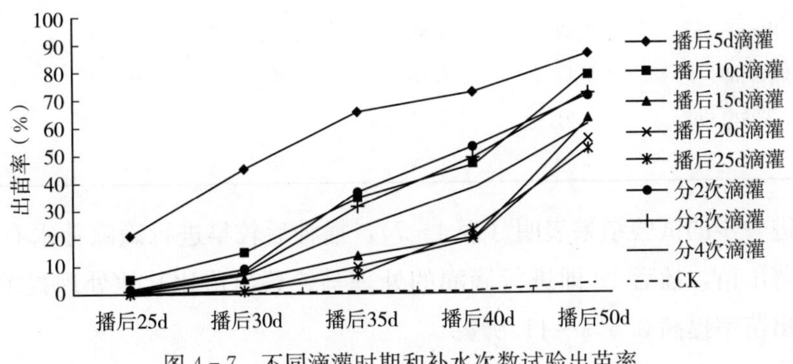

图 4－7　不同滴灌时期和补水次数试验出苗率

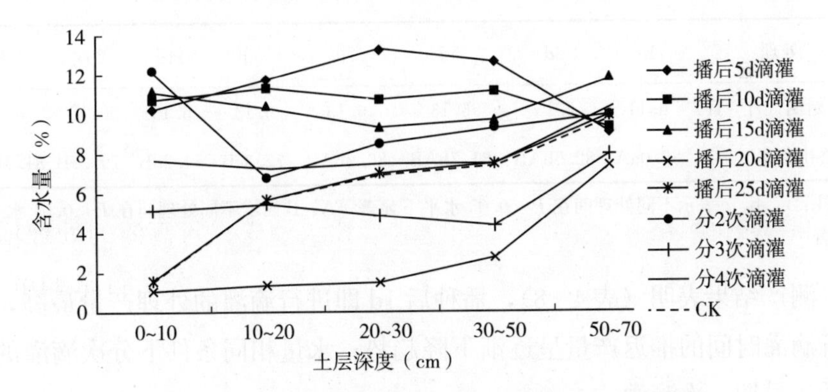

图 4－8　不同滴灌时期和补水次数试验土壤含水量

播种后 15d 已经进行补水处理的土壤含水量大幅高于未进行补水的处理（图 4－8），至播种后 30d 的土壤含水量（表 4－6），除了补水较晚的处理外，多数处理耕作层的土壤含水量与对照差异并不明显。马铃薯芽萌发生长初期土壤含水量的多少对马铃薯出苗的影响大于后期。

表 4-6 马铃薯垄作覆膜不同滴灌时期和补水次数试验土壤含水量（播后 30d)

处理	含水量（%）				
	0～10cm	10～20cm	20～30cm	30～50cm	50～70cm
播后 5d 滴灌 8m³	3.64	6.54	8.18	8.59	8.35
播后 10d 滴灌 8m³	3.05	6.78	8.52	8.20	11.95
播后 15d 滴灌 8m³	5.11	6.19	6.79	8.26	6.76
播后 20d 滴灌 8m³	9.76	10.46	10.56	10.34	8.11
播后 25d 滴灌 8m³	13.75	12.81	11.35	12.70	8.77
分 2 次滴灌 8m³	2.63	4.85	4.25	10.23	10.13
分 3 次滴灌 8m³	5.17	4.75	5.67	6.37	11.95
分 4 次滴灌 8m³	7.01	7.91	8.99	8.95	15.02
CK	2.50	5.09	8.87	7.45	10.37

进一步的试验结果表明（表 4-7)，播种后较早进行滴灌补水有利于马铃薯出苗，播后 1d 即进行滴灌的处理马铃薯出苗比其他处理提前 1～4d，出苗率提高 3.5%～11.8%。

表 4-7 不同滴灌时间对高垄膜下滴灌马铃薯出苗的影响

处理	1d	3d	5d	7d	9d	11d	2 次	3 次
出苗始期（月．日）	6.11	6.13	6.13	6.13	6.13	6.15	6.15	6.12
最终出苗率（%）	86.0aA	82.5bAB	81.7bAB	80.2bAB	77.3cB	74.2dB	79.0cB	81.7bAB

注：a、b、c 表示不同处理间在 $P<0.05$ 水平下显著；A、B 表示不同处理间在 $P<0.01$ 水平下极显著。

测产结果表明（表 4-8)，播种后 1d 即进行滴灌的处理产量最高，随进行滴灌时间的推迟产量呈逐渐下降趋势；水量相同条件下分次滴灌的产量低于早期一次滴灌。

表 4-8 不同滴灌时间对高垄膜下滴灌马铃薯产量的影响

处理	1d	3d	5d	7d	9d	11d	2 次	3 次
产量（kg/667m²）	2 020.2aA	1 979.5aA	1 915.8bA	1 891.7bA	1 840.2bA	1 854.8bA	1 792.0bA	1 897.7bA

注：a、b 表示不同处理间在 $P<0.05$ 水平下显著；A 表示不同处理间在 $P<0.01$ 水平下极显著。

三、半高垄马铃薯膜下滴灌抗旱保苗技术

结果表明（表 4－9），滴灌处理比对照出苗提前 1d，出苗率提高 4.4%～10.8%，其中滴灌 $8m^3$、$11m^3$ 和 $14m^3$ 的处理出苗表现较好，3 个处理出苗率接近。

表 4－9　不同滴灌量对半高垄膜下滴灌马铃薯出苗的影响

处理	$2m^3$	$5m^3$	$8m^3$	$11m^3$	$14m^3$	对照
出苗始期（月．日）	6.14	6.14	6.14	6.14	6.14	6.15
最终出苗率（%）	74.0bA	75.0bA	79.6aA	79.3aA	80.4aA	69.6cB

注：a、b、c 表示不同处理间在 $P<0.05$ 水平下显著；A、B 表示不同处理间在 $P<0.01$ 水平下极显著。

测产结果表明（表 4－10），滴灌处理比苗期未进行滴灌的处理增产 13.7%～26.0%，其中滴灌 $8m^3$ 的处理产量最高，其次是滴灌 $5m^3$ 和 $11m^3$ 的处理，滴灌水量从 $8m^3$ 增加到 $14m^3$，产量呈下降趋势。

表 4－10　不同滴灌量对半高垄膜下滴灌马铃薯产量的影响

处理	$2m^3$	$5m^3$	$8m^3$	$11m^3$	$14m^3$	对照
产量（$kg/667m^2$）	2 064.7bA	2 124.9bA	2 248.2aA	2 071.4bA	2 029.2bA	1 784.2cB
增产（%）	15.7	19.1	26.0	16.1	13.7	—

注：a、b、c 表示不同处理间在 $P<0.05$ 水平下显著；A、B 表示不同处理间在 $P<0.01$ 水平下极显著。

四、高垄马铃薯滴灌抗旱保苗技术

结果表明（图 4－9），滴灌处理比对照出苗提前 3d，出苗率提高 6.4～13.0个百分点，其中滴灌 $11m^3$ 的处理出苗率最高，其次是 $14m^3$、$8m^3$ 和 $5m^3$ 处理。

测产结果表明（图 4－10），滴灌处理比苗期未进行滴灌的处理增产 18.3%～30.7%，其中滴灌 $8m^3$ 的处理产量最高，其他 4 个滴灌的处理产量相近。

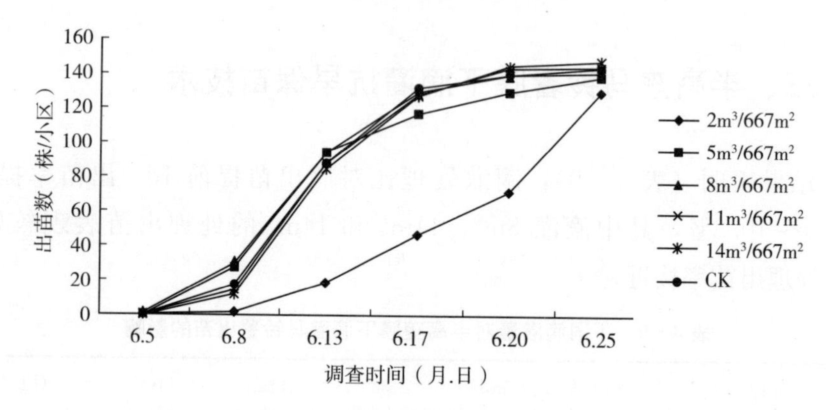

图 4-9　高垄滴灌马铃薯出苗动态

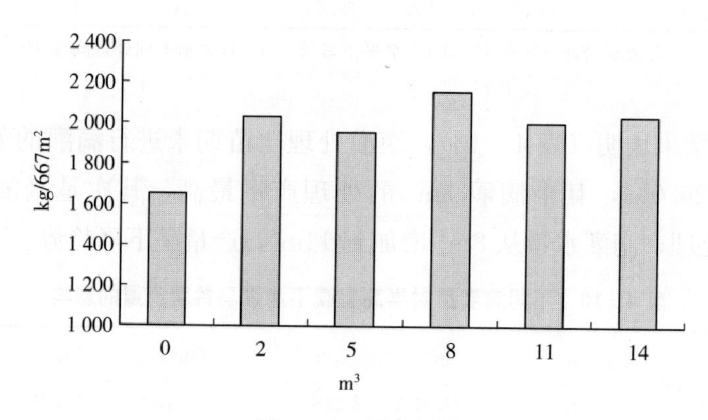

图 4-10　测产结果

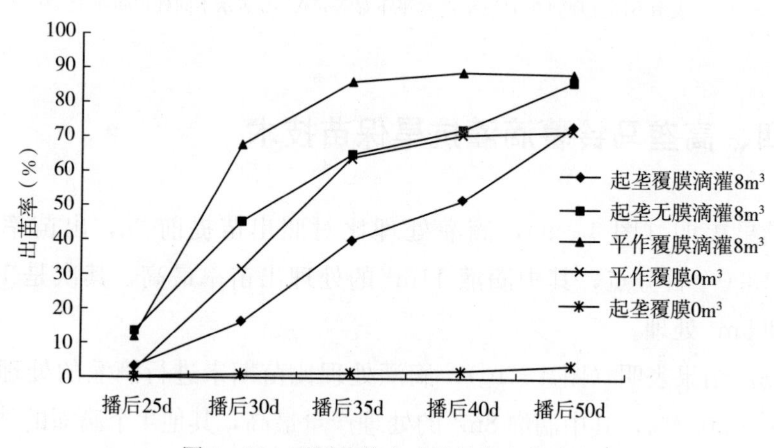

图 4-11　不同栽培方式马铃薯出苗动态

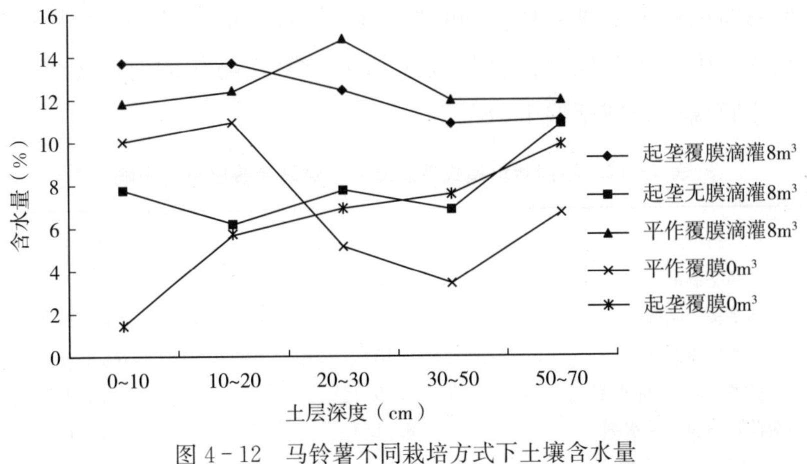

图 4-12　马铃薯不同栽培方式下土壤含水量

五、马铃薯不同栽培方式下补水保苗效果

2011 年初步试验结果表明，垄作不覆膜滴灌的出苗时间最早，比其他处理提前 2～9d；平作覆膜滴灌处理播种后 40d 的出苗率最高（图 4-11）；垄作方式下，垄作不覆膜补水处理出苗率好于覆膜补水处理，出苗最整齐，覆膜不补水处理出苗极少。

分析播种后 15d 土壤含水量结果，0～20cm 土层内，垄作覆膜滴灌处理含水量最高，其次是平作覆膜滴灌处理；在 20～70cm 土层内，则以平作覆膜滴灌处理含水量最高（图 4-12）。播种后 30d，0～70cm 土层总含水量则以平作覆膜滴灌处理最高（表 4-11）。

表 4-11　马铃薯不同栽培方式下补水保苗试验土壤含水量（播后 30d）

处理	含水量（%）				
	0～10cm	10～20cm	20～30cm	30～50cm	50～70cm
垄作覆膜滴灌 8m³	5.18	7.44	8.31	3.34	10.71
垄作不覆膜滴灌 8m³	5.33	5.64	6.31	4.86	5.77
平作覆膜滴灌 8m³	6.36	11.59	11.27	6.41	7.31
平作覆膜不补水	4.95	5.10	7.92	6.39	4.28
垄作覆膜不补水	0.68	4.07	7.00	6.33	8.74

地温监测结果表明，0～5cm 地温最高温出现在 14：00～16：00 之间，垄作覆膜的两个处理温度最高达到 44.8℃，与相同时间温度最低的垄作不覆膜滴灌处理相差 11.8℃。

表 4-12　不同栽培模式下滴灌补水对马铃薯出苗的影响

处理	出苗日期（月．日）	出苗率（%）
高垄滴灌	6.15	83.1aA
高垄覆膜滴灌	6.15	79.2aA
平作覆膜滴灌	6.15	80.8aA
半高垄覆膜滴灌＋保水剂	6.15	80.2aA
高垄覆膜滴灌＋保水剂	6.14	76.5bAB
平作覆膜滴灌＋保水剂	6.15	83.8aA
半高垄覆膜滴灌	6.14	79.6aA

注：a、b 表示不同处理间在 $P<0.05$ 水平下显著；A、B 表示不同处理间在 $P<0.01$ 水平下极显著。

2012 年试验结果表明（表 4-12），不同处理间马铃薯出苗时间差异不明显，以平作覆膜滴灌加保水剂处理出苗率最高为 83.8%，其次是高垄滴灌处理为 83.1%，出苗率最低的是未滴灌的平作覆膜处理为 71.2%。进行滴灌的处理间出苗率较接近。

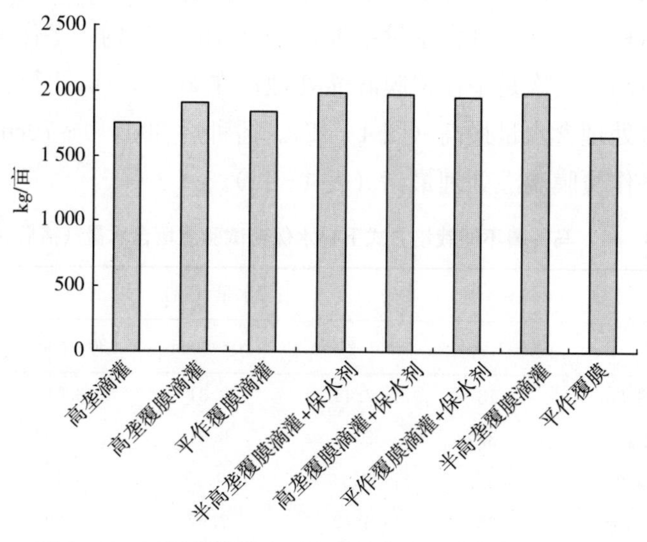

图 4-13　不同栽培模式下滴灌补水对马铃薯产量的影响

测产结果表明（图 4－13），滴灌处理比未滴灌的平作覆膜处理增产 6.3%～20.6%，其中以半高垄覆膜滴灌加保水剂处理的产量最高，其次为半高垄覆膜滴灌和高垄覆膜滴灌加保水剂处理。

综合 2013 年试验结果（图 4－14）进行分析表明，不论是起垄或不起垄、覆膜或不覆膜，播种后及时滴灌补水都是非常必要的，对促进马铃薯早出苗、苗齐苗壮都有显著效果。

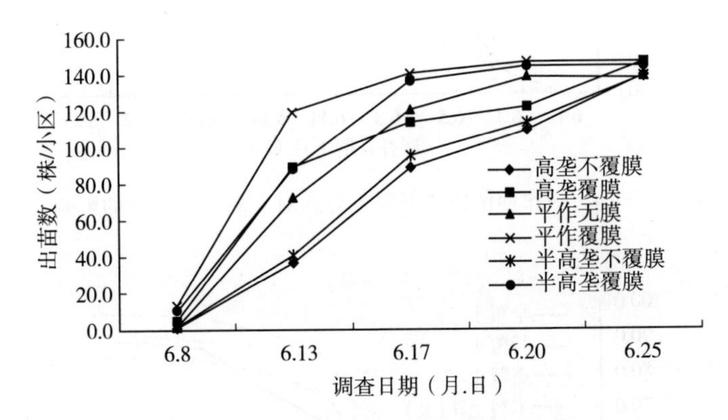

图 4－14　不同栽培方式马铃薯滴灌出苗动态

六、不同种植模式下膜上覆土对马铃薯出苗的影响

由图 4－15 可看出，在膜上覆土厚度为 3cm 时，不同覆土方式对马铃薯克新一号的出苗速率影响较大，随着覆土量的增大出苗速率逐渐增大，出苗速率表现为：全覆土＞行覆土＞点覆土＞不覆土（CK）。全覆土、行覆土和点覆土的总出苗率分别比对照提高 12.2%、10.4%和 9.0%。且不同覆土方式减少了人工投入，减少用工量 2～3d。

从图 4－16 可看出，在膜上覆土厚度为 3cm 时，不同覆土方式对平作种植模式下费乌瑞它出苗速率表现为不覆土＞点覆土＞行覆土＞全覆土，与克新一号的出苗速率大小顺序正好相反。除点覆土处理的最终出苗率比对照高出 6.9%外，其他两处理的出苗率均比对照低，行覆土和全覆土的最终出苗率分别比对照减少 2.3%和 7.1%。

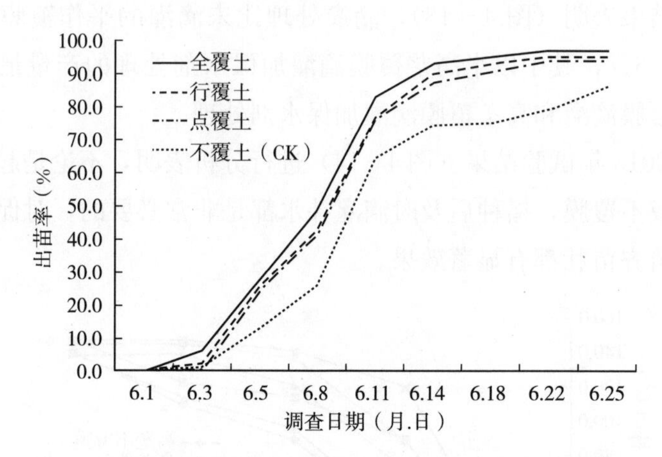

图 4-15　平作种植模式下覆土方式对克新一号出苗的影响

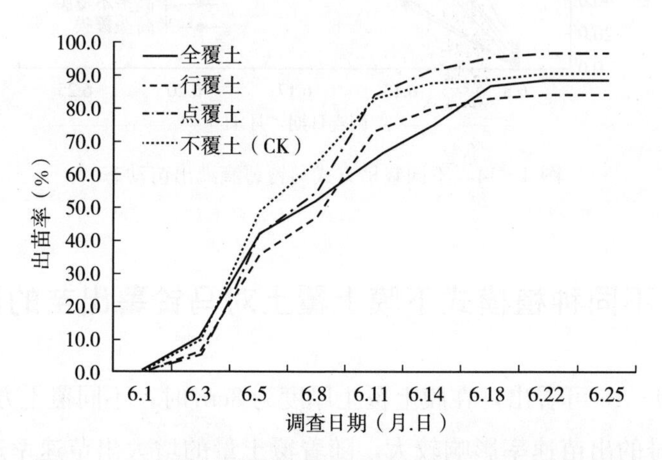

图 4-16　平作种植模式下覆土方式对费乌瑞它出苗的影响

从图 4-17 可看出，在膜上覆土厚度为 3cm 时，不同覆土方式对半高垄种植模式下克新一号出苗速率表现为：全覆土>行覆土>点覆土>不覆土（CK）。最终出苗率：全覆土>行覆土>不覆土（CK）>点覆土。

从图 4-18 可看出，在膜上覆土厚度为 3cm 时，不同覆土方式对半高垄种植模式下费乌瑞它出苗速率表现为不覆土>点覆土>行覆土>全覆土，但最终出苗率覆土处理均高于对照，表现为全覆土>行覆土>点覆土>不覆土（CK）。

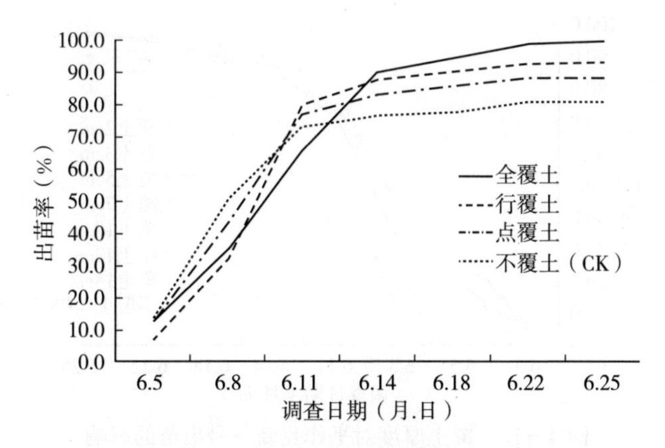

图 4－17　覆土方式对半高垄克新一号出苗的影响

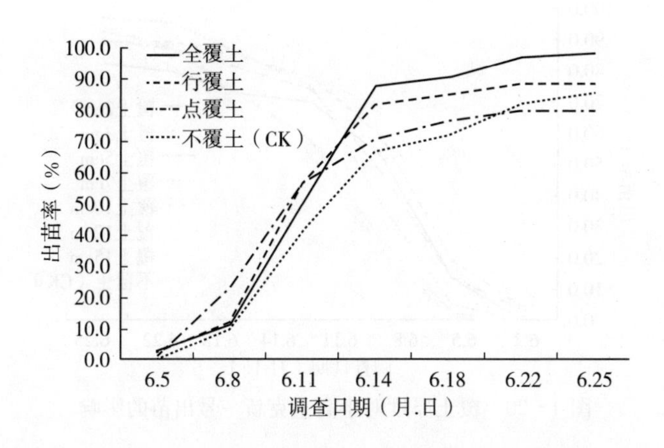

图 4－18　覆土方式对半高垄费乌瑞它出苗的影响

对不同覆土厚度试验的统计结果表明（图 4－19、图 4－20），在平作覆膜和半高垄覆膜两种种植模式下，膜上覆土厚度超过 10cm 时，克新一号的出苗时间都会推迟，并且可能对最终出苗率产生不利影响，覆土 2cm 时重量偏轻，不利于马铃薯顶破地膜。因此，膜上覆土的最佳厚度应为 3～7cm。

在平作覆膜种植模式下，膜上全覆土 3cm 时，播种后 10d 覆土处理马铃薯克新一号出苗最早，其次是播种时覆土处理，播种后 20d 覆土处理出苗最慢。覆土处理最终出苗率均略高于对照（图 4－21）。

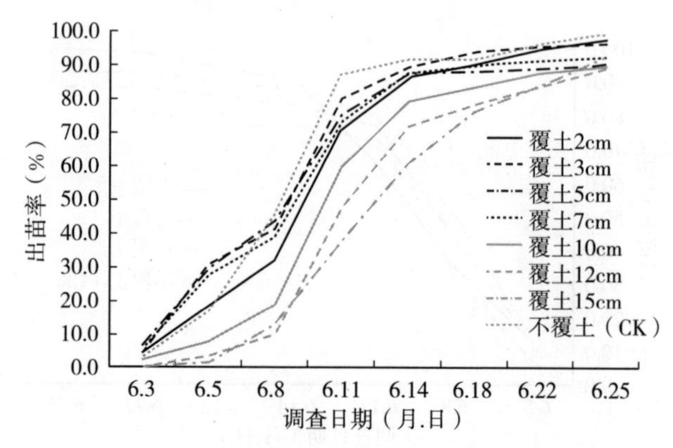

图 4-19　覆土厚度对平作克新一号出苗的影响

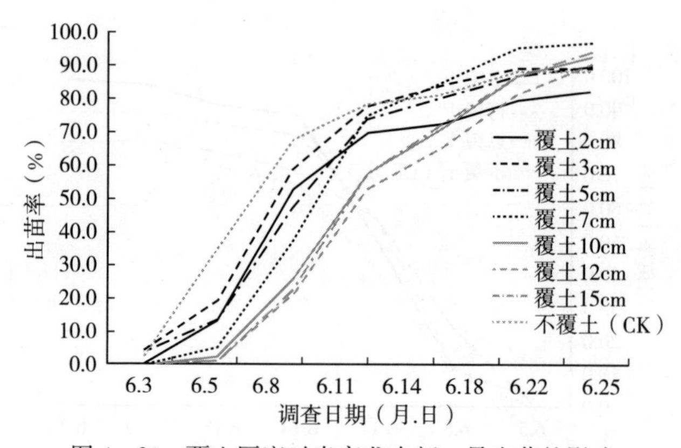

图 4-20　覆土厚度对半高垄克新一号出苗的影响

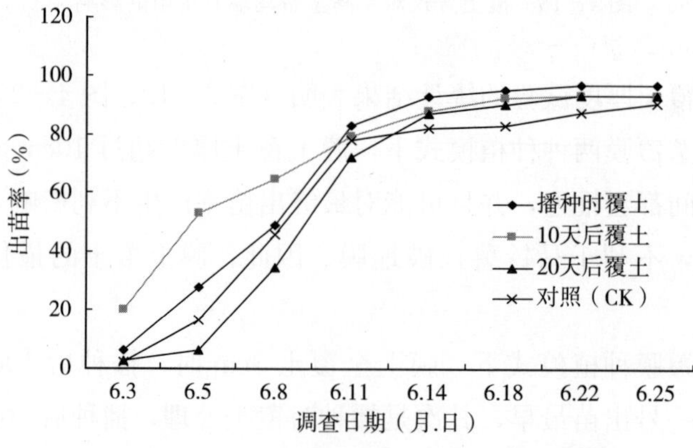

图 4-21　覆土时期对覆膜平作克新一号出苗的影响

第二节　垄膜沟植基础理论与关键技术

2011—2013年的试验结果表明，垄膜沟植的种植方式具有显著的集雨效果，对有效利用春季降雨、提高作物出苗率效果显著。当垄膜宽度50cm时，降水6～9mm集雨增幅在2倍以上，播种后到出苗期的降水超过9mm时，可以显著发挥促进马铃薯出苗保苗的效果。

综合分析几年的试验示范结果，马铃薯垄膜沟植种植适宜的起垄宽度为40～50cm，向日葵垄膜沟植种植适宜的起垄宽度为50～60cm，垄高以10cm为宜。

一、垄膜沟植区雨水集蓄及水分运移规律的研究

人工降水模拟试验结果（表4-13）表明，在阴山北麓典型栗钙土，采用垄膜沟植技术具有就地集雨的良好效应。以一次降水6.28mm为例，土壤蓄水增加量为20.7mm，是降水量的2.4倍，其中0～20cm耕层土壤的蓄水量增加了10.7mm，是降水量的1.7倍，20～40cm土壤的蓄水量增加了4.6mm，是降水量的73.5%。

表4-13　一次人工降水6.28mm对垄沟土壤含水量的影响

土层深度	露地（mm）	垄膜沟植（mm）	增加水量（mm）	比降水量增加（%）
0～10cm	13.4	20.7	7.3	116.2
10～20cm	16.5	19.9	3.4	54.1
0～20cm	29.9	40.6	10.7	170.4
20～30cm	17.4	20.7	3.3	52.5
30～40cm	19.1	20.4	1.3	20.7
20～40cm	36.5	41.1	4.6	73.2
0～40cm	66.4	81.7	15.1	240.4

采用垄膜沟植技术不仅大幅度提高了种植沟的土壤含水量，同时也使降水的入渗深度加大。表 4－14 结果表明，采用垄膜沟植技术，在人工一次降水 3mm 以上，就可以使根系集中区域 0～40cm 土壤蓄水量显著增加；在降水 3～15mm 范围内，随降水量增加，垄膜沟植土壤蓄水量也增加，土壤蓄水增加量从 10.7mm 增加到 23.3mm，但增加的幅度随降水量增加而呈递减的趋势，集雨效果从降水量的 3.4 倍下降到 1.5 倍。

表 4－14　不同降水梯度对垄沟土壤含水量的影响（mm）

降水土层	对照含水量	3.14mm		6.28mm		9.42mm		12.56mm		15.70mm	
		含水量	增量	含水量	增量	含水量	增量	含水量	增量	含水量	增量
0～10cm	13.4	20.6	7.2	20.7	7.3	20.7	7.4	20.6	7.2	22.3	8.9
10～20cm	16.5	19.1	2.6	19.9	3.4	19.9	3.4	21.1	4.5	23.6	7.1
20～30cm	17.4	18.1	0.7	20.7	3.3	20.8	3.4	22.6	5.3	22.9	5.5
30～40cm	19.1	19.3	0.2	20.4	1.3	20.7	1.6	20.9	1.8	21.0	1.8
0～40cm	66.4	77.1	10.7	81.6	15.1	82.2	15.7	85.2	18.7	89.8	23.3
集雨效应（%）	—	340.7		240.0		166.7		148.8		148.4	

土壤入渗蓄墒率的研究结果（表 4－15）进一步表明，采用入渗蓄墒率通用公式 P（%）＝（$V2-V1$）/$R\times100\%$（P 为渗蓄墒率（%）、$V1$ 为降雨前土壤贮水量（mm）、$V2$ 为降雨后土壤贮水量（mm）、R 为降水量（mm））进行估算，3～15mm 不同降水在垄沟土壤中的入渗深度不同，降水少的入渗深度浅，随着降水增加入渗深度加大，降水 3.14mm，集雨入渗的深度集中在 30cm 以上土层，而且表层高于下层；当降水增加到 6.28～9.42mm，集雨入渗的深度能达到 50cm，而且下层高于表层，说明垄膜沟植技术的集雨性能在降水 3mm 以上就可以显著增加土壤含水量，使耕层土壤含水量达到降水量的 1.5～3.4 倍；随着降水增加，集雨效应逐步增大，不仅使 10mm 以下的多数无效降水变成有效降水，而且能够使 6mm 以上的降水入渗到 50cm 土层，有利于雨水积蓄利用效率的进一步提高。

表 4-15　不同降水对雨水入渗蓄墒率的影响

处理	入渗蓄墒率（%）				
	0～10mm	10～20mm	20～30mm	30～40mm	40～50mm
3.14mm	32.51	46.18	22.29	6.37	1.42
6.28mm	17.97	31.2	22.85	14.65	29.21
9.42mm	12.18	15.28	16.1	12.1	25.34

自然降水田间试验结果表明，在阴山北麓典型栗钙土上，采用垄膜沟植技术具有显著集雨保墒的效应，其中马铃薯田采用不同宽度垄沟种植方式均显示出明显的集雨效果（表 4-16、图 4-22），以一次降水 6.4mm 为例，在采用 30～70cm 宽度垄膜集雨技术后，其集雨效应与模拟试验的趋势相同，在集雨沟宽度相同条件下，与平作相比较，随集雨垄膜宽度从 30cm 增大到 70cm，0～50cm 土层的集雨效应从降水量的 1.1 倍增加到 6.9 倍，其中在 0～20cm 耕作层不同宽度垄膜的集雨量比平作增加 66.8%～161.7%，在 20～50cm 土层不同宽度垄膜的集雨量比平作增加 44.6%～530.3%，说明垄膜沟植的集雨效应显著；在一次降水大于 6mm 的情况下，不仅可以提高降水积蓄效应 1.1～6.9 倍，而且使降水入渗到 50cm 土层以下，对改善旱地农作物水分供应严重不足的现象有重要作用。

表 4-16　垄膜沟植马铃薯田降雨 6.37mm 的集雨效应（mm）

土深（cm）	平作含水量	垄宽 30cm		垄宽 40cm		垄宽 50cm		垄宽 60cm		垄宽 70cm	
		含水量	增量	含水量	增量	含水量	增量	含水量	增量	含水量	增量
0～5	4.15	6.24	2.10	6.09	1.94	6.28	2.13	6.80	2.65	6.25	2.10
5～10	5.17	6.49	1.31	6.93	1.76	7.25	2.07	7.15	1.97	7.05	1.88
10～20	12.72	13.56	0.84	14.87	2.15	16.28	3.56	14.73	2.01	19.03	6.32
20～30	15.25	16.65	1.40	20.33	5.09	19.81	4.57	24.46	9.22	27.04	11.80
30～40	15.28	15.99	0.71	19.06	3.78	19.58	4.30	23.97	8.69	27.18	11.90
40～50	16.22	17.28	1.05	18.80	2.57	19.28	3.06	24.32	8.09	26.31	10.08
0～50	68.79	76.20	7.42	86.07	17.29	88.47	19.69	101.42	32.63	112.86	44.08
集雨效应（%）		116.45		271.35		309.06		512.30		691.98	

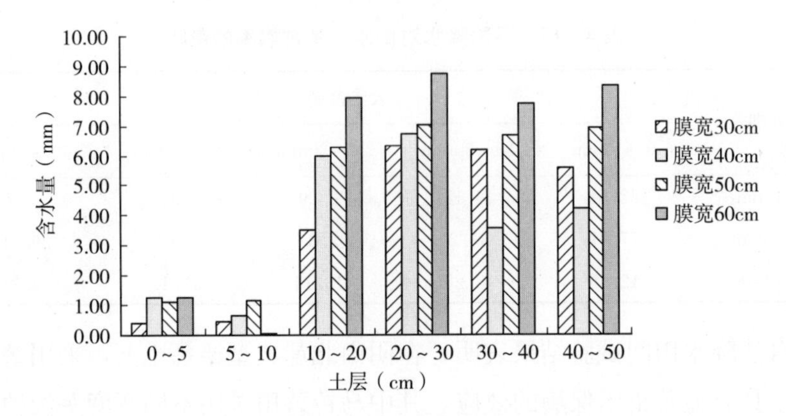

图 4-22　垄膜沟植马铃薯田的集雨效应

向日葵田采用不同宽度垄沟种植方式的集雨效果同马铃薯田的相似，也表现出明显的集雨效应（表 4-17、图 4-23），以一次降水 8.6mm 为例，采用 30～60cm 宽度垄膜集雨技术，在集雨沟宽度相同条件下，与平作相比较，随集雨垄膜宽度从 30cm 增大到 60cm，土壤 0～50cm 的集雨蓄水效应从降水量的 2.6 倍增加到 3.9 倍，其中在 0～20cm 耕作层不同宽度垄膜的集雨量比平作增加 169.1%～288.4%，在 20～50cm 土层不同宽度垄膜的集雨量比平作增加 50.1%～107.5%，说明垄膜沟植的集雨效应显著，在一次降水 8mm 的情况下，不仅可以提高降水积蓄效应 2.6～3.9 倍，而且使降水入渗到 50cm 土层以下，对改善旱地农作物水分供应严重不足的现象有重要作用。

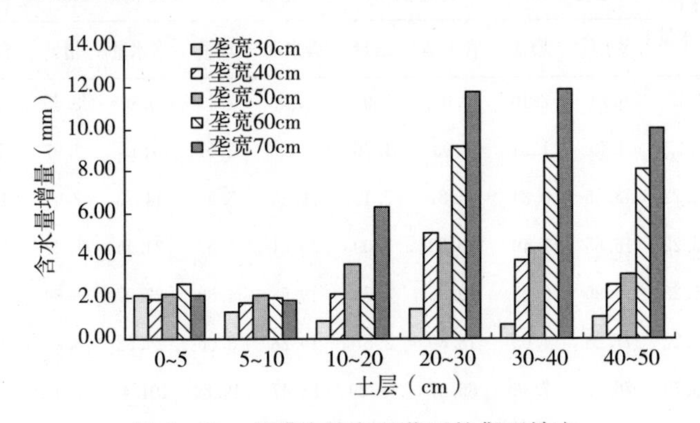

图 4-23　垄膜沟植向日葵田的集雨效应

表 4-17　垄膜沟植向日葵田降雨 8.6mm 的集雨效应（mm）

土深（cm）	平作（对照）含水量	垄宽 30cm		垄宽 40cm		垄宽 50cm		垄宽 60cm	
		含水量	增量	含水量	增量	含水量	增量	含水量	增量
0～5	3.90	4.31	0.41	5.14	1.24	4.99	1.09	5.16	1.26
5～10	5.95	6.39	0.45	6.62	0.67	7.09	1.14	6.02	0.07
10～20	14.01	17.51	3.51	20.01	6.00	20.27	6.27	21.93	7.92
20～30	16.58	22.90	6.32	23.32	6.74	23.64	7.06	25.32	8.74
30～40	17.99	24.19	6.20	21.57	3.59	24.65	6.66	25.70	7.72
40～50	16.65	22.21	5.56	20.87	4.22	23.57	6.92	25.00	8.35
0～20	23.86	28.22	4.36	31.76	7.91	32.36	8.51	33.10	9.25
0～50	75.07	97.51	22.44	97.53	22.45	104.21	29.14	109.13	34.05
集雨效应（%）		260.9		261.1		338.8		396.0	

采用 50cm 宽垄膜集雨方式进行的模拟试验结果表明（图 4-24），人工降水 3mm、6mm、9mm、12mm、15mm 对提高 0～50cm 土壤含水量都有显著作用，提高的幅度是降水量的 1.5～2.5 倍，以降水 6～9mm 的增幅最大，在 2 倍以上。其中 0～20cm 土壤含水量只要降水大于 3mm 时就产生显著集雨效果，使土壤含水量均达到了田间最大持水量，但在 20～50cm 土层中存在很大差异，也是影响出苗保苗效果的主要原因，特别对马铃薯这类出苗期较长的作物来说，3～6mm 降水虽然对提高耕层水分有效，但对下层土壤水分含量影响较小，持续供水性差，对提高出苗保苗效果也差。

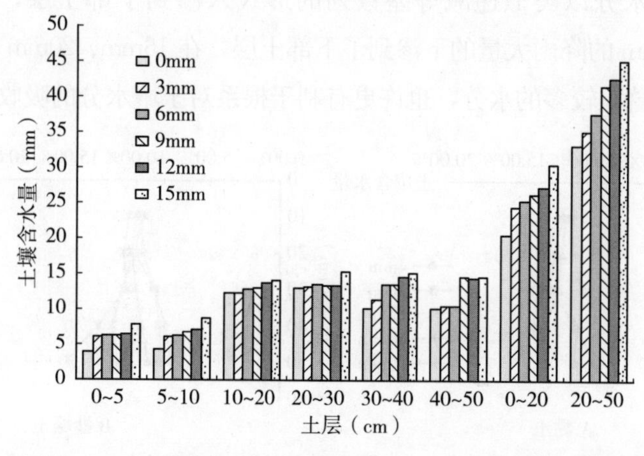

图 4-24　不同降水垄膜集雨对 50cm 土层水分含量的影响

从出苗保苗的效果看（图 4－25），一次补水 3～6mm 的出苗保苗效果与对照相差不大，出苗保苗率在 80％以下，只有降水超过 9mm 以上才能产生显著提高出苗率的效果，使出苗率达到了 90％以上。因此，垄膜集雨的保苗效果与当地春播时期的降水量有很大关系，只有当播种到出苗期的降水超过 9mm 时才能发挥促进马铃薯出苗保苗的效果。

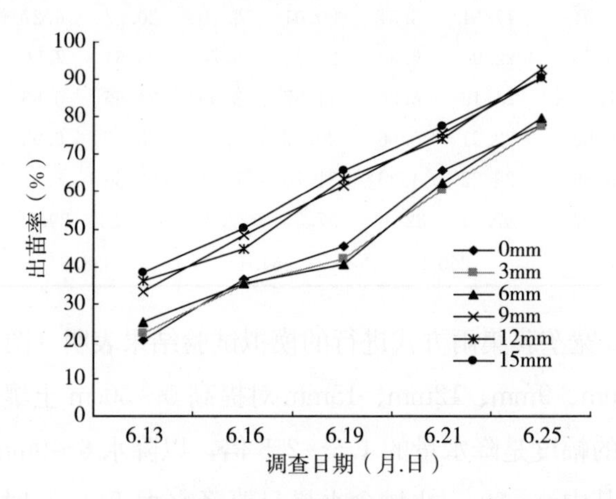

图 4－25　不同降水量对马铃薯出苗率（％）的影响

模拟不同降雨量比较黏土和沙壤土平作处理各层次土壤含水量垂直分布（图 4－26），整体来看随土层加深，黏土含水量呈降低的趋势，沙壤土含水率呈倒“S”形；随降雨量增加，各层次土壤含水量也呈增加趋势；黏土中，土壤水分以类似递减等差数列的形式入渗到下部土层；沙壤土中，16mm、20mm 的降雨大量的下渗到了下部土层，在 16mm、20mm 降雨下，土壤层次能够蓄积较多的水分，也许更有利于根系对土壤水分的吸收和利用。

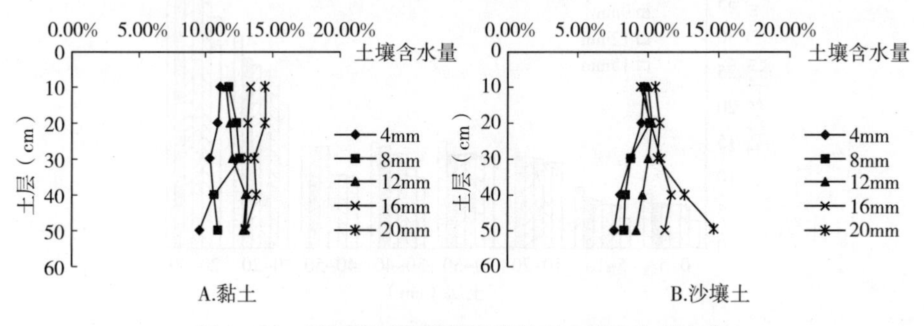

图 4－26　不同降雨量模拟平作处理土壤含水率变化

表 4-18　不同处理下土壤贮水量差异（mm）

土壤类型	种植方式	降雨前	4mm 降雨		8mm 降雨		12mm 降雨		16mm 降雨		20mm 降雨	
			降雨后	增量	降雨后	增量	降雨后	增量	降雨后	增量	降雨后	增量
黏土	平作	73.3	74.4	1.1	88.2	14.9	93.2	19.9	95.8	22.5	99.1	25.8
	垄作全膜	73.3	87.5	14.3	99.3	26.0	120.0	46.7	128.7	55.4	129.7	56.4
	垄作半膜	73.3	86.5	13.3	93.0	19.7	108.3	35.1	118.0	44.8	121.8	48.5
	平作全膜	73.3	85.2	12.0	90.7	17.4	105.7	32.5	116.2	42.9	119.7	46.4
	平作半膜	73.3	83.9	10.7	88.4	15.2	93.6	20.3	99.9	26.6	105.7	32.4
沙壤土	平作	81.2	81.8	0.6	82.8	1.6	85.6	4.4	94.0	12.8	104.4	23.3
	垄作全膜	81.2	89.2	8.0	99.3	18.1	103.7	22.5	110.0	28.8	112.5	31.4
	垄作半膜	81.2	87.8	6.7	94.6	13.4	100.2	19.0	104.6	23.4	108.4	27.3
	平作全膜	81.2	87.8	6.6	94.2	13.0	99.7	18.5	103.4	22.2	107.2	26.0
	平作半膜	81.2	84.9	3.7	90.3	9.1	99.2	18.0	100.6	19.4	105.7	24.5

不同处理间土壤贮水量差异较明显（表 4-18），黏土和沙壤土表现一致，同一降雨量下不同种植方式的土壤贮水量大小顺序为垄作全膜＞垄作半膜＞平作全膜＞平作半膜＞平作；同一种植方式下不同降雨量的土壤贮水增量大小顺序表现为 20mm＞16m＞12m＞8m＞4mm，其中，4mm 下黏土和沙壤土平作的土壤贮水增量分别仅为 1.1mm 和 0.6mm，而垄作全膜的土壤贮水量增量分别为 14.3mm 和 8.0mm，贮水增量几乎是平作的 14 倍。一般认为，小于 5mm 的降水对于作物生长基本属于无效降水，所以，垄作全膜能够使小于 5mm 的无效降水有效化，从而对有限的降水资源进行再分配，对抗旱节水技术的发展具有重要的意义。

二、垄膜沟植抗旱保苗关键技术

（一）马铃薯垄膜沟植技术

旱作试验站在马铃薯田的保苗试验结果表明（图 4-27），采用不同宽度垄沟种植方式的集雨保苗效应明显，在播种到出苗降水 22mm 的条件下，与平作相比，出苗期提早了 5d，出苗保苗率提高了 22.3 个百分点，与平作覆膜相比，出苗期提早了 3d，出苗保苗率提高了 3.5 个百分点；垄宽 40～70cm 的出苗率差异不显著，出苗保苗效果相近，说明在苗期降水达到 22mm 的情况下，垄膜宽度达到 40cm 以上就能够保障旱地马铃薯基本全苗。

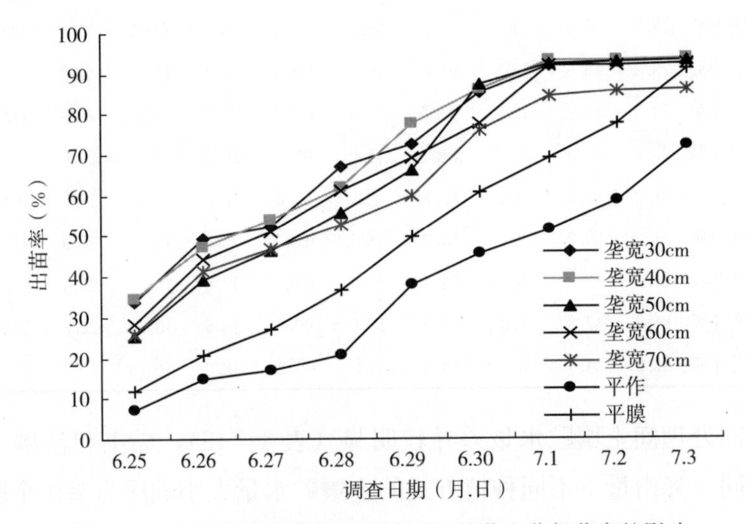

图 4－27　不同宽度垄膜沟植方式对马铃薯出苗保苗率的影响

表 4－19　马铃薯垄膜沟植集雨保苗试验出苗期及出苗率

处理	出苗期（d）	出苗率（%）			
		播后 25d	播后 30d	播后 35d	播后 40d
垄宽 30cm	21	3.70cdB	33.80bA	70.37aA	77.78abA
垄宽 40cm	20	8.33bcAB	44.05abA	75.40aA	79.37abA
垄宽 50cm	20	3.13cdB	36.81bA	77.43aA	84.38abA
垄宽 60cm	20	12.50abA	62.50aA	84.62aA	87.18abA
垄宽 70cm	20	14.94aA	61.78aA	73.28aA	88.79aA
平膜	23	2.24dB	32.05bA	63.46aA	69.55bA

注：a、b、c、d 表示不同处理间在 $P<0.05$ 水平下显著；A、B 表示不同处理间在 $P<0.01$ 水平下极显著。

上秃亥科技示范园区的试验结果也表明（表 4－19），垄膜沟植各处理随着起垄宽度的增加，马铃薯出苗期提前，出苗率增加，播种后 40d 马铃薯出苗率比对照高 8.23%～19.24%。

采用不同宽度垄沟种植方式的增产效果见表 4－20，结果表明，除垄膜宽度 70cm 处理以外，采用垄膜沟植技术 30～60cm 处理比传统平作田的增产效果均达到显著水平，增产效果达 15.0%～33.0%，以垄膜宽度 40～50cm 的效果最好，增产幅度达到 23.2%～33.0%；70cm 的增产效果没有达到显著水平，可能与垄膜太宽，有效种植面积减少有直接关系。

表 4－20　垄膜沟植马铃薯田的增产效果（旱作试验站）

处理	苗株数	重复Ⅰ	重复Ⅱ	重复Ⅲ	平均产量 (kg/667m²)	增产 (kg)	增幅 (%)
平作	3 706	1 475.4	1 296.4	1 296.4	1 356.0 c	—	—
垄宽 30cm	4 764	1 904.9	1 793.7	1 492.1	1 730.2 ab	374.2	27.60
垄宽 40cm	4 169	2 027.9	1 680.6	1 701.5	1 803.3 a	447.3	32.99
垄宽 50cm	3 706	1 963.1	1 524.8	1 524.8	1 670.9 ab	314.8	23.22
垄宽 60cm	3 335	1 944.5	1 350.1	1 383.4	1 559.3 bc	203.3	14.99

注：a、b、c 表示不同处理间在 $P<0.05$ 水平下显著。

2012 年的试验结果表明（表 4－21），垄膜沟植处理比平作覆膜处理出苗时间提前 2d，出苗率提高了 2.8%～11.7%。马铃薯产量以垄宽 30cm 处理的最高，随垄宽的增加，马铃薯产量总体呈下降趋势，垄宽 50cm 处理产量与对照相当，垄宽 60cm、70cm 的处理产量低于对照。受 2012 年降雨偏多的影响，出苗率和测产结果与 2011 年试验结果有较大差异。

表 4－21　垄膜沟植不同垄宽对马铃薯出苗和产量的影响（上秃亥）

处理	垄宽 30cm	垄宽 40cm	垄宽 50cm	垄宽 60cm	垄宽 70cm	平作覆膜
出苗日期（月．日）	6.13	6.13	6.13	6.13	6.13	6.15
出苗率（%）	92.1aA	85.1bAB	85.7bAB	83.2bcAB	86.7bAB	80.4cB
产量（kg/667m²）	2 275.5aA	2 125.1bAB	1 875.9cBC	1 787.7cC	1 791.8cC	1 871.9cBC
增产（%）	21.6	13.5	0.2	−4.5	−4.3	—

注：a、b、c、d 表示不同处理间在 $P<0.05$ 水平下显著；A、B、C 表示不同处理间在 $P<0.01$ 水平下极显著。

2013 年的试验继续验证了垄膜沟植的种植效果（图 4－28）。

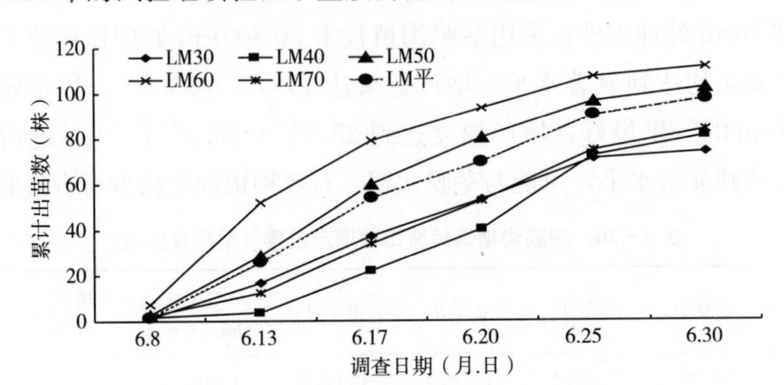

图 4－28　2013 年垄膜沟植马铃薯出苗动态

（二）向日葵垄膜沟植技术

在向日葵田的保苗试验结果表明（图 4－29），采用不同宽度垄沟种植方式的集雨保苗效应明显，以垄膜宽度 50cm 处理为例，在播种到出苗降水达 12mm 的条件下，与平作相比，出苗期提早了 5d，出苗保苗率提高了 22.3 个百分点，与平作覆膜相比，出苗期提早了 4d，出苗保苗率提高了 7.7 个百分点；垄宽 40～70cm 的出苗率差异不显著，出苗保苗效果相近似，说明在苗期降水达到 12mm 的情况下，垄膜宽度达到 40cm 以上就能够保障旱地向日葵基本全苗。

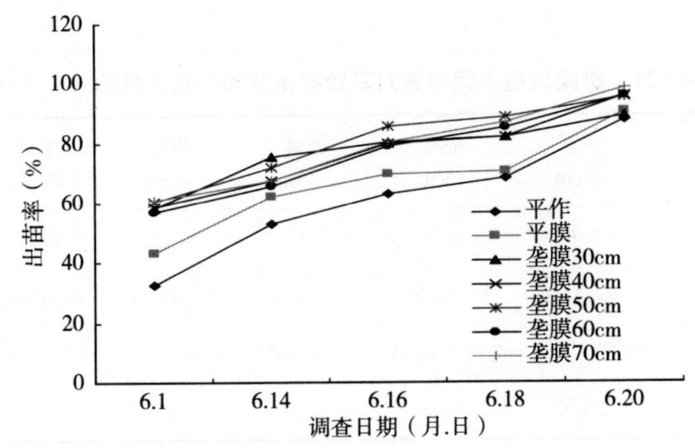

图 4－29　不同宽度垄膜沟植方式对向日葵出苗保苗率的影响

在向日葵田的增产效果（图 4－30）与马铃薯田的趋势完全一致，采用垄膜沟植技术比平作田增产效果显著，增产率达到了 21.8%～58.7%，以垄膜宽度 50～60cm 的效果最显著，增产效果到了 55.3%～58.7%，应作为适宜阴山北麓地区的垄膜沟植的优选模式进行重点研究。

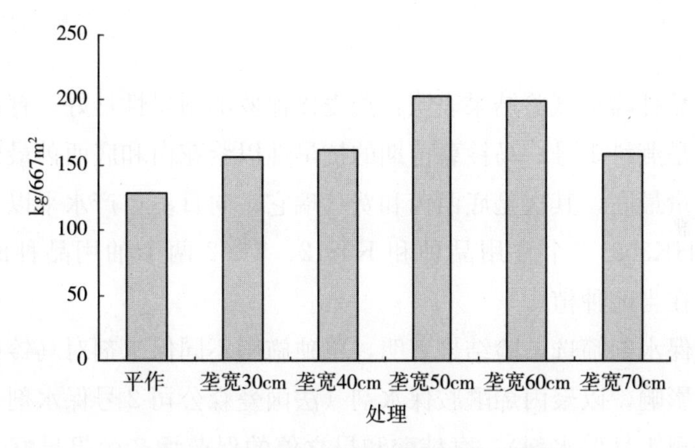

图 4－30　垄膜沟植向日葵田的增产效果

第三节　抗旱品种与抗旱保水剂筛选

抗旱品种筛选试验结果表明：燕麦以保罗的耐旱性最好、籽粒产量最高，其次是燕科 1 号；马铃薯苗期的抗旱性以紫花白和底西芮最好，以紫花白的产量最高，其次是底西芮和费乌瑞它；向日葵单产水平以 LD1355、LD009、HK309 三个食用品种和 K0812、T562 两个油用品种的单产最好，适宜在当地种植。

抗旱保水剂筛选试验结果表明，单独施用不同保水剂对马铃薯出苗保苗有很大影响，以聚丙烯酰胺保水剂（法国爱森公司 2 号保水剂、北京绿色奇点公司 1 号保水剂）、腐植酸和旱立停的保苗增产效果最好，马铃薯出苗时间提早 3～5d，提高出苗率 10 个百分点以上。

一、作物抗旱品种筛选

（一）燕麦抗旱品种筛选

生长期测定结果表明，保罗在苗期表现最好，其次是农家品种，在生长后期以燕科 1 号的叶面积最大，但干物质积累量还是保罗最高，其次是农家品种（表 4－22）。最终的生物产量燕科 1 号最高，其次是九六二六，籽粒产量保罗最高，其次是燕科 1 号（表 4－23）。

表 4－22　燕麦生长期植株指标测定结果

品种	7月15日				8月20日			
	鲜重 (g)	株高 (cm)	干重 (g)	叶面积 (cm^2)	鲜重 (g)	株高 (cm)	干重 (g)	叶面积 (cm^2)
农家品种	1.89	39.02	0.50	58.87	3.43	61.28	1.37	32.13
燕科 1 号	1.19	33.06	0.26	43.71	1.63	54.14	0.60	53.46

（续）

品种	7月15日				8月20日			
	鲜重 (g)	株高 (cm)	干重 (g)	叶面积 (cm^2)	鲜重 (g)	株高 (cm)	干重 (g)	叶面积 (cm^2)
草莜1号	1.11	31.14	0.26	37.97	2.08	67.22	0.88	34.09
保 罗	2.31	41.96	0.50	64.79	4.30	72.02	1.80	42.33
九六二六	1.55	43.78	0.32	45.04	2.34	77.72	1.00	27.94

表4-23 燕麦考种和测产结果

品种	株高 (cm)	穗长 (cm)	单株重 (g)	穗粒数 (粒)	穗粒重 (g)	穗重 (g)	小穗数 (个)	生物产量 (kg/667m^2)	籽粒产量 (kg/667m^2)
农家品种	81.0	15.6	2.3	35.8	0.9	1.4	14.8	535.0b	189.5b
燕科1号	83.9	17.4	2.5	39.4	0.9	1.5	17.0	616.7a	220.0a
草莜1号	88.2	17.8	1.8	28.6	0.7	1.0	9.6	505.0b	205.5ab
保 罗	89.0	15.1	3.3	60.0	1.5	2.1	22.4	578.3a	224.9a
九六二六	77.3	14.5	2.2	45.4	1.0	1.4	14.6	588.3a	202.8ab

注：a、b表示不同处理间在$P<0.05$水平下显著；A、B表示不同处理间在$P<0.01$水平下极显著。

（二）马铃薯抗旱品种筛选

试验结果表明，在苗期降水22mm的条件下，马铃薯不同品种的抗旱保苗效果（表4-24）以底西芮和紫花白的出苗率最好，达到95%以上，明显高于其他品种；苗期抗旱性生理指标测定结果（图4-31）进一步表明，底西芮和紫花白的抗旱性较强，主要表现在脯氨酸含量和叶绿素a、b含量较高，从而能够有效增强植株的渗透调节能力与物质的积累速度，为增产奠定了良好基础。

表4-24 不同品种在阴山北麓地区的出苗情况比较

供试品种	出苗期	出苗天数 (d)	出苗率 (%)	开花期天数 (d)
底西芮	6月19日	30	96.4aA	22
冀张薯	6月22日	33	86.2bB	16
费乌瑞它	6月22日	33	87.5bB	20
紫花白	6月23日	35	95.3aA	25

注：a、b表示不同处理间在$P<0.05$水平下显著；A、B表示不同处理间在$P<0.01$水平下极显著。

测产结果表明（表 4－25），不同马铃薯品种在阴山北麓旱地的单产水平不同，以紫花白的单产最好，与其他品种比较产量差异显著，其次是底西芮和费乌瑞它的单产较高，相当于紫花白单产的 68.7%～74.6%，且商品率也偏低，在内蒙古阴山北麓地区的旱地上应用存在一定风险。

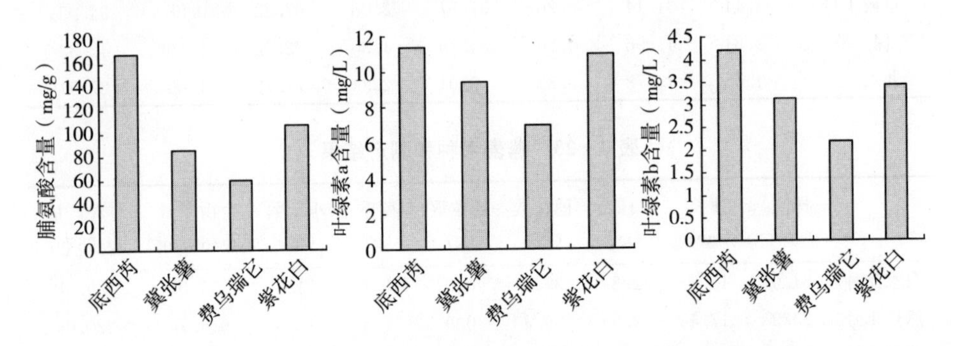

图 4－31　不同马铃薯品种团棵期抗旱生理指标测定结果

表 4－25　不同品种马铃薯在阴山北麓旱地产量的比较

单位：kg/667m²，%

品种	重复Ⅰ	重复Ⅱ	重复Ⅲ	平均产量	相对产量
紫花白	1 277.7	1 286.2	1 280.1	1 281.3a	100.0
底西芮	1 085.7	949.0	833.3	956.0b	74.6
冀张薯	725.3	693.1	664.8	694.4c	54.2
费乌瑞它	879.2	854.9	905.8	880.0b	68.7

注：a、b、c 表示不同处理间在 $P<0.05$ 水平下显著。

由表 4－26 可知，紫花白和冀张薯水分利用效率与底西芮和费乌瑞它呈极显著差异，其中紫花白的水分利用效率最高，为 102.09kg/hm²·mm，比底西芮高出了 68.10%。因此，结合其生理指标和光合指标（表 4－27），分析得出紫花白品种抗旱性较底西芮、冀张薯和费乌瑞它强，适宜在当地示范推广。

表 4－26　不同处理下马铃薯产量和水分利用效率比较

处理	产量（kg/hm²）	全生育期耗水量（mm）	WUE（kg/hm²·mm）
底西芮	15 063.08	248.04	60.73Bb

（续）

处理	产量（kg/hm^2）	全生育期耗水量（mm）	WUE（kg/hm^2·mm）
紫花白	23 734.08	232.49	102.09Aa
冀张薯	24 345.50	249.51	97.57Aa
费乌瑞它	15 507.75	250.35	61.94Bb

注：a、b 表示不同处理间在 $P<0.05$ 水平下显著；A、B 表示不同处理间在 $P<0.01$ 水平下极显著。

表 4-27 不同品种的综合性抗旱指标检测

处理	蒸腾速率（mmolH_2O/m^2·s）	叶绿素 b/a（%）	脯氨酸（μg/ml）	可溶性糖（μg/ml）	POD（μ/g）	SOD（μ/g）
底西芮	7.04	56.37	12.94	78.31	4 119.17	324.09
紫花白	6.18	62.57	20.90	115.78	2 225.00	277.44
冀张薯	7.64	43.43	11.12	53.51	1 997.50	242.70
费乌瑞它	6.92	54.60	8.92	41.29	1 396.67	376.73

表 4-28 不同马铃薯品种苗期叶绿素含量和丙二醛含量差异

品种	Ca（mg/L）	Cb（mg/L）	C（a+b）	chla/chlb	丙二醛含量（nmol/g）
费乌瑞它	16.92	5.06	21.98	3.35	28.65
紫花白	18.63	4.92	23.56	3.78	26.06
荷兰 15	16.78	4.95	21.73	3.39	27.61
细皮 B	16.33	4.93	21.26	3.31	28.90
铃田红彩	18.42	4.91	23.33	3.75	26.58
康尼贝克	18.90	4.96	23.86	3.81	21.16
早大白	17.54	4.95	22.50	3.54	26.58

注：Ca 为叶绿素 a 的浓度，Cb 为叶绿素 b 的浓度，C（a+b）为叶绿素总浓度，chla/chlb 为叶绿素 a、b 浓度比。

2013 年扩大筛选范围，根据不同马铃薯品种间苗期叶绿素含量、丙二醛含量差异可知，康尼贝克和紫花白叶绿素含量较高，丙二醛含量较低，具有较高的增产潜力和较强的抗旱性（表 4-28）。就目前监测结果结合不同马铃薯品种农艺性状比较，康尼贝克和紫花白植株叶片光合能力较其他品种强，具有较高的增产潜力，另外，康尼贝克与紫花白的叶绿素b/a比值较其他品种高，说明这两个品种在该试验条件下的抗旱能力强于其他品种。

（三）向日葵抗旱品种筛选

向日葵不同品种的抗旱保苗试验（表4-29）表明，在苗期降水22mm的条件下，对向日葵的出苗保苗影响不大，不同品种之间的出苗保苗率差异不显著；单产水平在生育期降水253mm的条件下，以LD1355、LD5009、HK309三个食用品种和K0812、T562两个油用品种的单产最好，其中三个食用品种的单产均达到了200kg/667m^{2}以上，以LD1355的成熟性最好，其他两个品种在今年这种一般年型可以成熟。两个油用品种的单产达到170kg/667m^{2}以上，而且成熟性也很好。其次是RH318、HK306两个食用品种和内葵杂4号、S31两个油用品种表现较好，两个食用品种在今年这种一般年型能够成熟，但成熟度不好，在当地种植有一定风险，两个油用品种虽然产量偏低，但在当地完全可以成熟，适宜在瘠薄旱地上应用。

表4-29　不同向日葵品种比较试验结果

品种	出苗率（%）	开花始期（月.日）	株高（cm）	花盘直径（cm）	百粒重（g）	产量（kg/667m^2）	成熟度
科阳7号	95.5	8.7	153	13	8.53	131.5	差
LD1355	93.5	8.4	125	15	11.12	212.2	好
T9938	92.0	8.1	150	15	12.17	181.2	差
RH318	95.0	8.4	145	13	12.59	166.5	成熟
SK909	92.5	8.6	146	17	9.53	168.9	差
LD5009	92.8	8.10	153	16	9.58	213.8	成熟
KC911	91.5	8.10	156	16	10.51	147.9	差
HK309	93.8	8.10	155	16	10.13	237.2	成熟
HK306	98.5	8.10	148	15	9.88	147.9	成熟
内葵杂4	95.6	8.6	118	14	4.5	127.3	好
T562	95.2	8.6	123	14	4.95	170.6	好
K0812	95.7	8.10	145	16	5.63	180.7	好
S31	97.5	8.15	163	15	4.32	114.7	成熟

二、抗旱保水剂筛选

马铃薯保水剂试验结果表明（图 4－32），单独施用不同保水剂对马铃薯出苗保苗有很大影响，出苗率比对照提高 3.0～12.5 个百分点，出苗期提早 5～9d，以旱立停和旱地龙的出苗保苗效果最好，出苗率提高了 10.9～12.5 个百分点。试验还进一步对不同保水制剂影响马铃薯苗期植株生理变化的指标进行了测定，结果表明（表 4－30），旱立停保水剂处理下脯氨酸和叶绿素含量较高，植株脯氨酸含量增大，有利于提高马铃薯的抗旱性，叶绿素含量的增加，也为马铃薯的增产奠定了良好基础。测产结果（图 4－33）表明，采用不同保水制剂的增产效果显著，以旱立停和腐殖酸的增产效果最好，增产率达到 14.1%～20.9%，其他保水剂的增产效果不显著。

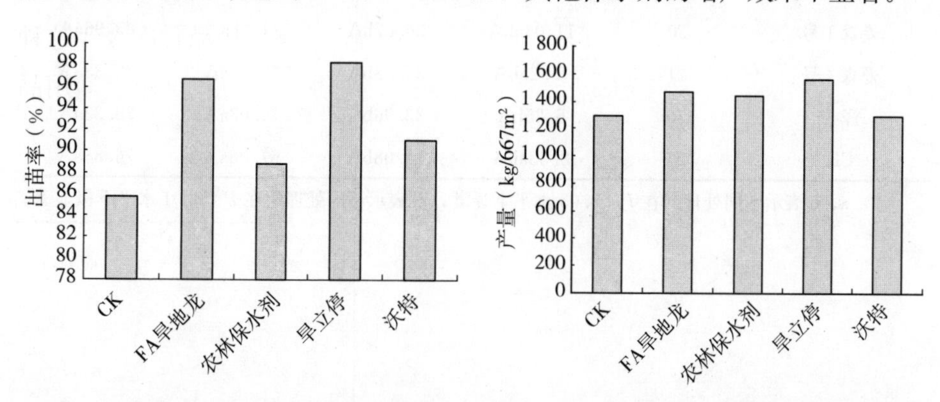

图 4－32　不同保水剂对马铃薯出苗的影响　　图 4－33　不同保水剂对马铃薯产量的影响

表 4－30　不同保水剂对马铃薯苗期生理指标的影响

处理	脯氨酸含量（mg/g）	叶绿素 a 含量（mg/L）	叶绿素 b 含量（mg/L）
CK	148.33	7.55	2.66
FA 旱地龙	180.17	10.29	3.26
农林保水剂	170.23	9.18	3.08
旱立停	240.46	12.35	4.37
沃特	150.19	9.56	3.19

对另外7种保水剂筛选的试验结果表明，除爱森4号外，其他保水剂处理马铃薯出苗时间比对照早1～2d。保水剂处理马铃薯出苗比对照整齐，播种后40d出苗率比对照高1.04%～8.33%（表4-31）。田间土壤含水量测定结果表明，施用保水剂处理在0～30cm土层内的含水量明显高于对照处理。

表4-31 保水剂筛选试验马铃薯出苗期及出苗率

处理	出苗期(d)	出苗率（%）			
		播后25d	播后30d	播后35d	播后40d
奇点1号	20	21.04 aA	49.58abA	72.50 aA	80.63aA
奇点3号	19	19.79 abA	46.04abA	79.79 aA	85.21aA
爱森2号	19	18.96abA	53.33aA	78.96aA	82.71aA
爱森3号	19	14.17 abA	38.75abA	74.17aA	77.92aA
爱森1号	20	11.04abA	36.67bA	77.08aA	83.96aA
爱森4号	21	7.92abA	34.58bA	69.79aA	78.33aA
泽宇	20	6.25bA	33.96bA	70.63aA	78.33aA
CK	21	8.33abA	37.08bA	67.08aA	76.88aA

注：a、b表示不同处理间在$P<0.05$水平下显著；A表示不同处理间在$P<0.01$水平下极显著。

第四节 种子抗旱处理及抗旱播种关键技术

一、种子抗旱处理技术

马铃薯种子处理技术试验结果表明（表 4-32），采用拌种、催芽、整薯、1/2 切块薯、1/3 切块薯等处理方法对出苗有很大影响，以催芽和拌种技术的出苗保苗效果最好，均达到了 95%以上，比对照（按芽眼切块薯）提高了 10.7～12.0 个百分点。

表 4-32 不同种子处理方法对马铃薯出苗的影响

供试品种	出苗期	出苗天数（d）	出苗率（%）	开花期天数（d）
对照	6 月 30 日	36	84.8bB	17
1/3 切块	6 月 28 日	34	86.8bB	18
1/2 切块	6 月 25 日	31	90.2abAB	17
整薯	6 月 25 日	31	93.3aA	22
拌种	6 月 24 日	30	95.5aA	23
催芽	6 月 20 日	26	96.8aA	25

注：a、b 表示不同处理间在 $P<0.05$ 水平下显著；A、B 表示不同处理间在 $P<0.01$ 水平下极显著。

试验还进一步对不同马铃薯种子处理的苗期植株生理指标进行了测定，结果表明（图 4-34），在不同马铃薯种子处理试验中，催芽处理下马铃薯苗期脯氨酸含量较高，其叶绿素含量也较高。催芽处理条件下，马铃薯植株通过调节体内脯氨酸含量，能够使植株较快的适应干旱环境。叶绿素含量的高低在一定程度上为马铃薯后期产量的形成奠定了基础。

测产结果（图 4-35）表明，采用不同种子处理方法的增产效果不

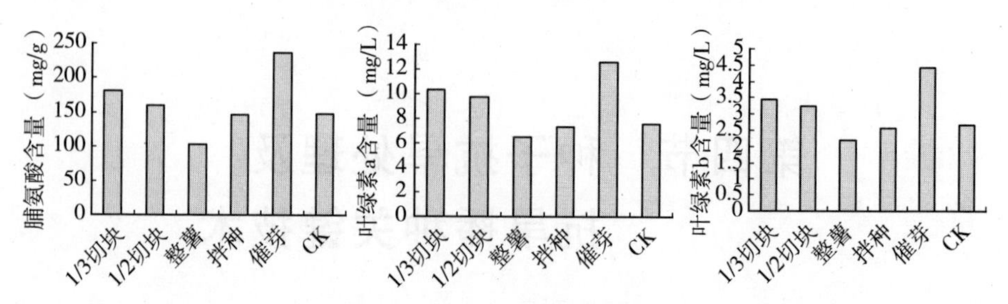

图 4-34　不同种子处理方法对马铃薯苗期生理指标的影响

同，以整薯、拌种和催芽的增产效果比较显著，增产率达到 9.9%～15.0%，催芽的增产效果最好，达到 15.0%，其他种子处理方法的增产效果不显著。

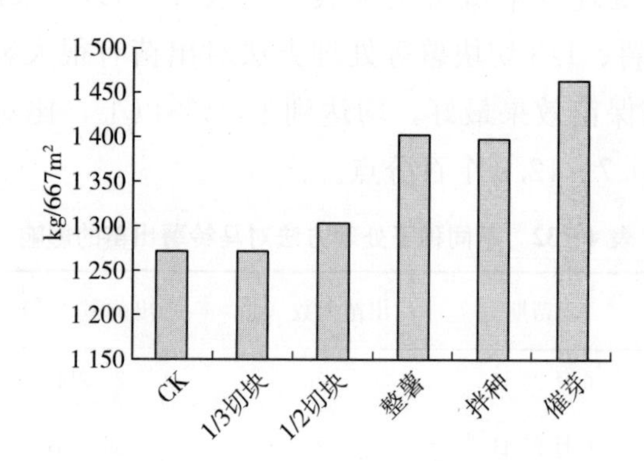

图 4-35　不同种子处理方法对马铃薯产量的影响

结合抗旱保水剂的种子抗旱处理试验结果表明（图 4-36），在阴山北麓旱作区采用切块＋富思德、切块＋旱立停和切块＋腐植酸保水剂等种

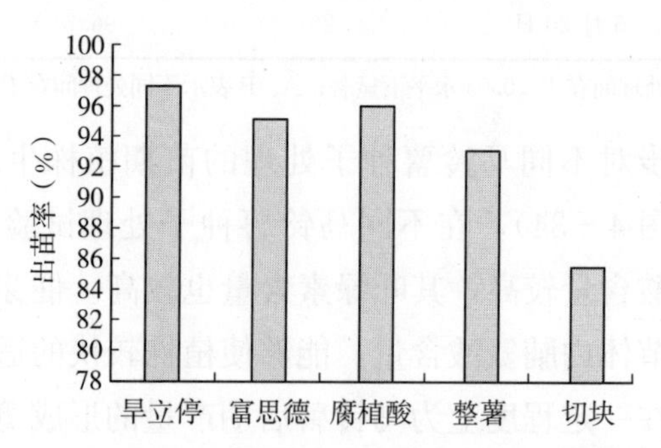

图 4-36　不同种子处理方式对马铃薯出苗的影响

薯处理技术对提高种子出苗保苗效果有明显作用，比对照提早出苗时间3～5d，提高出苗率10个百分点以上并达到保苗95%以上的良好效果，能够使生产上普遍应用的切块薯播种方式的出苗保苗效果达到并超过整薯播种的效果，可以作为本区域种薯抗旱处理技术应用推广并取得实效。

对不同处理下马铃薯产量和水分利用效率进行比较，结果表明（表4-33）：不同处理间水分利用效率差异显著。其中，旱立停处理水分利用效率与其他处理呈极显著性差异，且旱立停处理产量和水分利用效率表现均较高，分别为22 277.80kg/hm² 和92.66kg/hm²·mm，该处理产量较对照（CK）高出了19.85%，水分利用效率高出了21.25%。

表4-33 不同处理下马铃薯产量和水分利用效率比较

处理	产量（kg/hm²）	全生育期耗水量（mm）	WUE（kg/hm²·mm）
旱立停	22 277.80	240.42	92.66Aa
富思德	18 097.93	243.13	74.44Bc
ck	18 587.07	243.22	76.42ABbc
腐植酸	20 054.47	231.24	86.72AaBb
整薯	20 098.93	246.42	81.56ABbc

注：a、b、c表示不同处理间在 $P<0.05$ 水平下显著；A、B表示不同处理间在 $P<0.01$ 水平下极显著。

二、抗旱播种技术

（一）马铃薯抗旱播种技术

田间试验结果表明（表4-34），在播种到出苗降水35mm的条件下，与平作相比，马铃薯出苗期提早了3～4d，出苗率提高了12～15个百分点，与平作覆膜相比，出苗保苗率提高了7～10个百分点。

表4-34 垄膜集雨方式对马铃薯出苗的影响

处理	出苗日期（月.日）	出苗率（%）
平作	6.9	83.0cB
平作+覆膜	6.7	88.8bB

（续）

处理	出苗日期（月．日）	出苗率（%）
垄膜沟植	6.6	95.6aA
垄膜沟植＋旱立停	6.5	97.8aA
垄膜沟植＋腐植酸	6.5	98.5aA

注：a、b、c表示不同处理间在 $P<0.05$ 水平下显著；A、B表示不同处理间在 $P<0.01$ 水平下极显著。

垄膜集雨种植方式使苗期土壤水分含量大幅度提高，其中0～20cm耕层土壤含水量平均高于平作5～7个百分点，耕层下部20～50cm的土壤水分平均高于平作7～10个百分点。

如表4－35所示，水分利用效率和产量的大小顺序为起垄＋覆膜＋腐植酸＞起垄＋覆膜＋旱立停＞起垄＋覆膜＞平作＋覆膜＞平作，施用旱立停和腐植酸保水剂处理下水分利用效率与不施保水剂处理间差异显著，覆膜和不覆膜处理间、起垄和不起垄处理间的水分利用效率均达到极显著水平。由此可知，在当地条件下，腐植酸和旱立停的施用、覆膜和起垄技术都能够明显提高马铃薯的水分利用效率，增强马铃薯的抗旱性。

表4－35　不同处理下马铃薯产量和水分利用效率比较

处理	产量（kg/hm^2）	全生育期耗水量（mm）	WUE（$kg/hm^2 \cdot mm$）
平作	17 119.67	249.34	68.66De
平作＋覆膜	17 119.67	222.08	77.09Cd
起垄＋覆膜	17 953.42	205.93	87.18Bb
起垄＋覆膜＋旱立停	18 064.58	212.96	84.83Bc
起垄＋覆膜＋腐植酸	21 455.17	215.34	99.64Aa

注：a、b、c、d表示不同处理间在 $P<0.05$ 水平下显著；A、B、C、D表示不同处理间在 $P<0.01$ 水平下极显著。

（二）向日葵抗旱播种技术

出苗率调查结果表明（图4－37），覆膜后向日葵出苗时间较传统露地平作提前出苗约3d，四种覆膜方式比较，仅半覆膜平作滞后1d，全覆膜垄作、全覆膜平作和半覆膜垄作出苗时间基本相似。全覆膜垄作、全覆膜平作、半覆膜垄作、半覆膜平作出苗率分别为98.9%、98.3%、98.3%和95.3%，与露地平作相比出苗率增加了5.6、5.0、5.0和2.0个百分点，全覆膜垄作、全覆膜平作、半覆膜垄作出苗率相当。

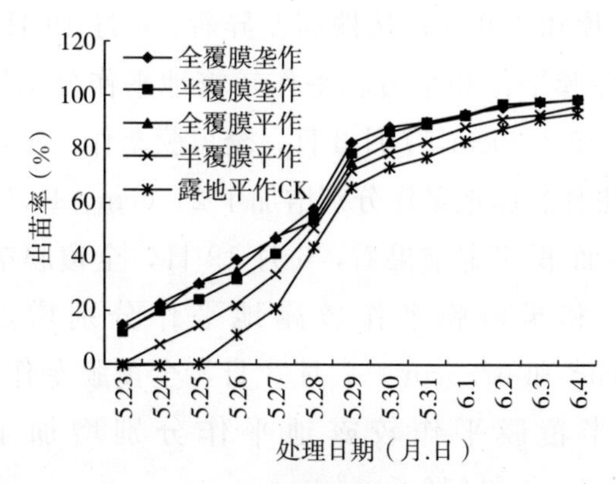

图4-37 不同集雨处理出苗率调查

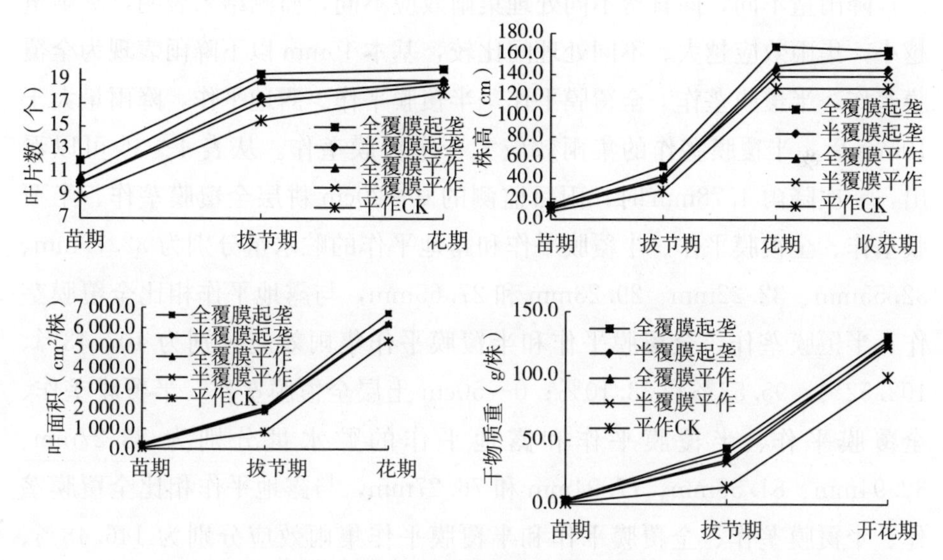

图4-38 不同处理形态指标差异

向日葵生长期间分别于6月19日和7月3日对不同处理进行了叶片数、株高和叶面积等生长指标调查（图4-38），规律表现基本一致，除7月3日的全覆膜平作叶面积低于半覆膜垄作外，各项指标表现为全覆膜垄作＞全覆膜平作＞半覆膜垄作＞半覆膜平作＞露地平作 CK。从叶片数看，6 月 19 日，全覆膜垄作、半覆膜垄作、全覆膜平作和半覆膜平作较露地平作分别增加了 3.2 片、1.2 片、1.8 片和 1.2 片，7 月 3 日，全覆膜垄作、半覆膜垄作、全覆膜平作和半覆膜平作较露地平作分别增加了 4.1 片、2.1 片、3.5 片和 1.6 片；从株高差异看，6 月 19 日，全覆膜垄作、半覆膜垄作、全覆膜平作和半覆膜平作较露地平作分别增加了 5.65cm、2.67cm、3.87cm 和 2.20cm，7 月 3 日，全覆膜垄作、半覆膜垄作、全覆膜平作和半覆膜平作较露地平作分别增加了 24.6cm、10.9cm、14.8cm 和 7.7cm；从单株叶面积测定结果看，6 月 19 日，全覆膜垄作、半覆膜垄作、全覆膜平作和半覆膜平作较露地平作分别增加了 173.0cm^2、80.0cm^2、130.3cm^2 和 67.5cm^2，7 月 3 日，全覆膜垄作、半覆膜垄作、全覆膜平作和半覆膜平作较露地平作分别增加了 1 097.6cm^2、1 006.5cm^2、977.5cm^2 和 916.5cm^2。

降雨量不同，向日葵不同处理集雨效应不同，监测结果表明，降雨量越小，集雨效应越大。不同处理间比较，基本 10mm 以下降雨表现为全覆膜垄作＞半覆膜垄作＞全覆膜平作＞半覆膜平作＞露地平作，降雨量大于 10mm 后，半覆膜垄作的集雨效应大于全覆膜垄作。从表 4－36 可以看出，一次降雨 4.78mm 时，雨后监测的 0～20cm 耕层全覆膜垄作、半覆膜垄作、全覆膜平作、半覆膜平作和露地平作的贮水量分别为 32.79mm、32.55mm、32.22mm、29.23mm 和 27.65mm，与露地平作相比全覆膜垄作、半覆膜垄作、全覆膜平作和半覆膜平作集雨效应分别为 107.43%、102.52%、95.53%和 33.10%；0～50cm 土层全覆膜垄作、半覆膜垄作、全覆膜平作、半覆膜平作和露地平作的贮水量分别为 83.27mm、82.94mm、81.58mm、77.94mm 和 76.27mm，与露地平作相比全覆膜垄作、半覆膜垄作、全覆膜平作和半覆膜平作集雨效应分别为 146.48%、139.55%、111.12%和 34.89%，全覆膜垄作、半覆膜垄作、全覆膜平作和半覆膜平作增加的贮水量分别相当于降水量的 1.46 倍、1.39 倍、1.11 倍和 0.35 倍，对旱作区向日葵生长非常有利。但降雨量越大，各处理集雨效应越小，如降雨量为 23.73mm 时，雨后监测的 0～20cm 耕层全覆膜垄作、半覆膜垄作、全覆膜平作、半覆膜平作和露地平作的贮水量分别为32.37mm、34.26mm、35.41mm、32.77mm和30.91mm，与露地平作相比全覆膜垄作、半覆膜垄作、全覆膜平作和半覆膜平作集雨效应分别为6.14%、14.11%、18.95%和7.84%；0～50cm土层全覆膜垄作、半覆膜垄作、全覆膜平作、半覆膜平作和露地平作的贮水量分别为85.46mm、92.38mm、87.13mm、85.43mm和78.71mm，与露地平作相比全覆膜垄作、半覆膜垄作、全覆膜平作和半覆膜平作集雨效应分别为28.46%、57.60%、35.47%和28.31%。

表4-36　不同降水量条件下各处理集雨效应

降水量（mm）	深度（cm）	贮水量（mm）				
		全膜垄作	半膜垄作	全膜平作	半膜平作	露地平作
4.78	0～5	8.18	7.87	7.40	7.39	6.08
	5～10	8.48	8.31	8.82	7.40	7.32
	10～20	16.13	16.37	16.00	14.44	14.25
	20～30	17.38	16.82	16.98	16.33	15.50
	30～40	16.81	17.13	16.77	16.61	16.85
	40～50	16.29	16.44	15.61	15.76	16.27
	0～20	32.79	32.55	32.22	29.23	27.65
	集雨效应（%）	107.43	102.52	95.53	33.10	—
	0～50	83.27	82.94	81.58	77.94	76.27
	集雨效应（%）	146.48	139.55	111.12	34.89	—
6.37	0～5	8.36	8.51	8.38	8.36	7.67
	5～10	9.51	9.40	9.30	9.30	7.82
	10～20	18.27	17.59	17.49	17.40	16.60
	20～30	18.34	18.26	19.07	16.98	16.58
	30～40	18.84	18.36	17.96	15.84	16.88
	40～50	18.00	18.41	17.33	16.39	17.75
	0～20	36.14	35.50	35.16	35.07	32.09
	集雨效应（%）	63.58	53.57	48.21	46.79	—
	0～50	91.32	90.55	89.52	84.29	83.30
	集雨效应（%）	141.56	129.44	113.31	31.22	—

（续）

降水量 (mm)	深度 (cm)	贮水量（mm）				
		全膜垄作	半膜垄作	全膜平作	半膜平作	露地平作
12.42	0～5	8.22	7.20	7.65	7.23	6.89
	5～10	9.13	8.84	8.71	8.70	8.06
	10～20	17.17	17.23	17.36	17.01	17.25
	20～30	17.88	19.42	17.85	17.63	17.16
	30～40	19.83	20.14	18.72	17.77	17.35
	40～50	19.21	19.99	17.57	19.67	18.48
	0～20	34.52	33.27	33.71	32.94	32.20
	集雨效应（%）	18.65	8.62	12.18	5.99	—
	0～50	91.44	92.82	87.86	88.01	85.19
	集雨效应（%）	50.34	61.40	21.50	22.71	—
23.73	0～5	8.60	7.77	8.94	8.06	7.69
	5～10	8.63	9.00	8.86	8.54	8.09
	10～20	15.13	17.50	17.60	16.17	15.13
	20～30	16.68	20.01	17.75	17.93	16.27
	30～40	18.78	19.02	17.22	18.23	15.29
	40～50	17.63	19.09	16.76	16.50	16.23
	0～20	32.37	34.26	35.41	32.77	30.91
	集雨效应（%）	6.14	14.11	18.95	7.84	—
	0～50	85.46	92.38	87.13	85.43	78.71
	集雨效应（%）	28.46	57.60	35.47	28.31	—

表 4-37 不同处理产量性状差异

处理	株高 (cm)	茎粗 (cm)	花盘直径 (cm)	空秕率 (%)	千粒重 (g)	产量 ($kg/15m^2$)
全覆膜起垄	163.67	2.57	15.10	6.86	152.65	5.69
半覆膜起垄	145.00	2.28	14.25	7.31	148.33	5.26
全覆膜平作	159.67	2.53	14.64	6.97	152.50	5.29
半覆膜平作	138.67	2.22	14.55	7.14	149.60	5.10
平作（CK）	127.00	2.21	14.20	8.23	143.93	4.62

全膜起垄、半膜起垄、全膜平作、半膜平作和平作（CK）的空秕率变化趋势为全膜起垄＜全膜平作＜半膜平作＜半膜起垄＜平作（CK），全覆膜空秕率较低，不覆膜空秕率最大。不同处理千粒重、产量大小顺序为全膜起垄＞全膜平作＞半膜起垄＞半膜平作＞平作（CK），不同处理的耗水量大小趋势为全膜起垄＜半膜起垄＜全膜平作＜半膜平作＜平作（CK）（表 4－37），与试验期间测定的 0～50cm 土层土壤贮水量、蓄墒增加率和产流效率变化趋势相反，因此认为垄作贮水量大，耗水量小。不同处理对应的水分利用效率（WUE）分别为 0.89kg（667m^2·mm）、0.78kg（667m^2·mm）、0.76kg（667m^2·mm）、0.72kg（667m^2·mm）和 0.63kg/（666.7m^2·mm），与半膜平作相比，全膜起垄的 WUE 增加了 0.17kg/（666.7m^2·mm），因此认为推广全膜垄沟集雨技术，完全可以实现 WUE 增加 0.15kg/（666.7m^2·mm）的目标。

第五节　抗旱播种等机具研发

在课题组和生产企业已有成果的基础上，积极开展了双薯勺取种器、两工位可折叠机架、地轮驱动排肥机构、播种机用镇压机构、起垄整形装置、圆盘可调式起垄器、集条压垄器等关键部件创新，研制开发了免耕半精量播种机、马铃薯垄膜沟植播种联合机组、马铃薯起垄覆膜播种机、马铃薯播种起垄联合作业机、马铃薯施肥播种铺膜联合作业机等机具，并进行了田间试验、生产考核和生产应用。

一、主要部件

（一）两工位可折叠机架（ZL 2013 20502875.2）

两工位可折叠机架安装在田间作业的马铃薯播种联合作业机组上，用于将播种机组机架由工作位置变到运输位置，缩短机架总长度，以适应机组田间作业和运输。

马铃薯覆膜播种联合作业机组两工位可折叠机架，由联合作业机组主机架、压膜轮机构可折叠机架、圆盘覆土机构可折叠机架以及可折叠机架轴组成。可折叠机架轴安装在联合机组主机架后端。两套压膜轮机构可折叠机架和两套圆盘覆土机构可折叠机架套装在可折叠机架轴上，它们对称地位于联合作业机组后端的左右两侧，并可灵活地绕所述机架轴上下转动。覆膜播种联合机组两工位可折叠机架设计图见图4－39。

本可折叠机架的优点在于：结构简单紧凑，小巧灵活，便于人工操作，制造成本低廉，适合农村牧区中小型农牧机专业户使用；机组变换工位时，只由拖拉机手一人即可完成，不需辅助人工；安全可靠，机组在变

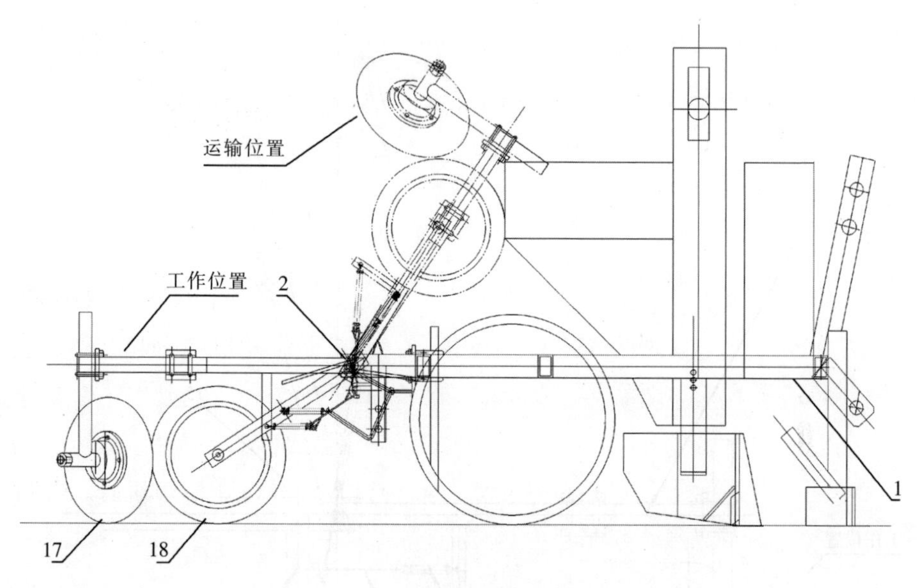

a. 可折叠机架

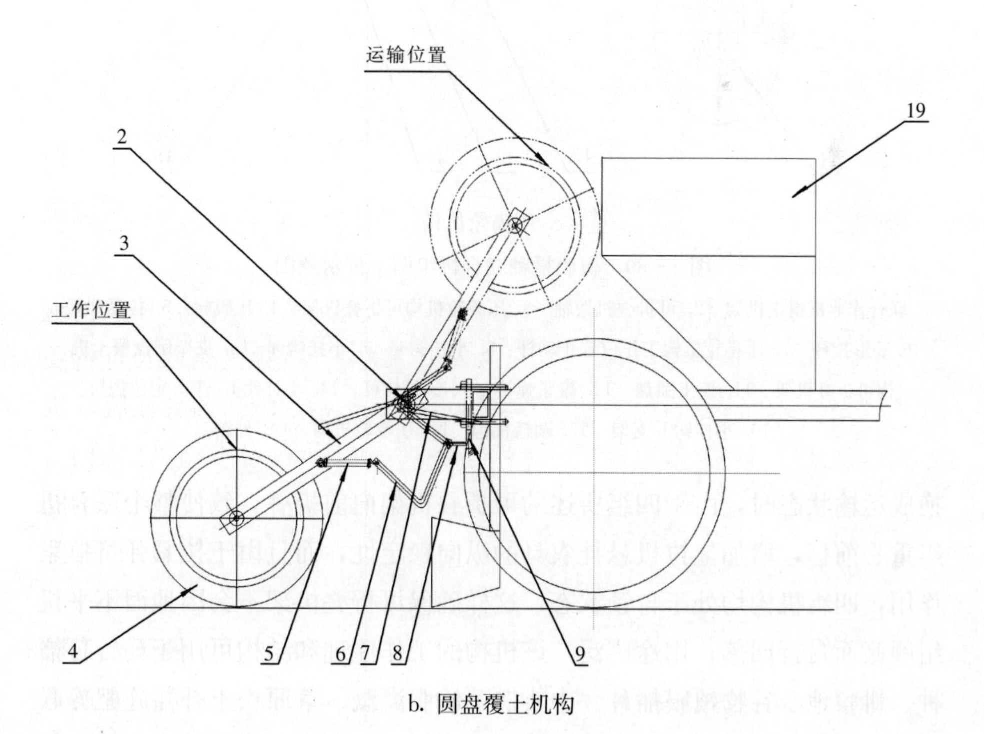

b. 圆盘覆土机构

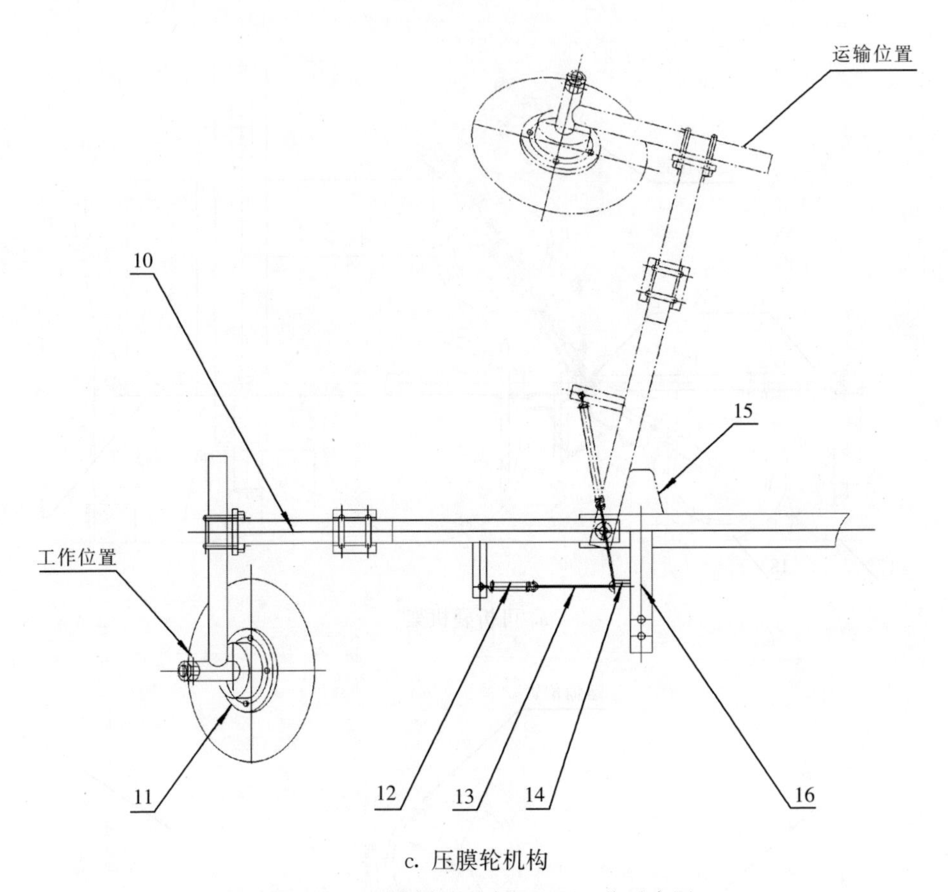

c. 压膜轮机构

图 4-39　覆膜播种联合机组两工位示意图

1. 联合作业机组主机架　2. 可折叠机架轴　3. 压膜轮机构可折叠机架　4. 压膜轮　5. 拉紧弹簧 a　6. V 形拉杆　7. 压膜轮机构工作位置止动杆　8. 小挂钩 a　9. 小挂钩 a　10. 支架圆盘覆土机构可折叠机架　11. 覆土圆盘　12. 拉紧弹簧 b　13. 长拉杆　14. 小挂钩 b　15. 定位挡块　16. 小挂钩 b 支架　17. 圆盘机构　18. 压模轮机构　19. 种箱

换成运输状态时，由于四组所述的可折叠机架向前折叠，致使整个联合机组重心前移，增加拖拉机悬挂农具的纵向稳定性，而且由于拉紧弹簧拉紧作用，四组机构均处于自锁状态，这样确保可折叠机架不会因地面不平机组颠簸而自行回落；用途广泛，该机构的工作原理和结构可用于马铃薯播种、耕整地、谷物覆膜播种、中耕锄草施肥灌溉、草原松土补播施肥等联合作业机组。

（二）双薯勺取种器（ZL 2013 20509423.7）

马铃薯播种机用的双薯勺取种器由双取种薯勺连接支架、小取种薯勺、大取种薯勺、小取种薯勺芯以及双取薯种勺固定螺钉螺母等组成。其中，大取种薯勺、小取薯种勺分别由厚度为1mm和1.5mm钢板冲压制作。所述小取薯种勺芯是由尼龙制成，其上部加工成半径为50mm向下凹面，其容积正好可容纳一个20～30g的种薯。大取薯种勺垂直焊接在小取薯种勺外边缘，小取种薯勺芯用十字螺钉固定在小取薯种勺内。双薯勺取种器通过双取种薯勺连接支架和固定螺钉螺母紧固在升运滚子链条上。双薯勺取种器由主动链轮、升运滚子链条和被动链轮带动在种薯箱和输种管道之间运动，双薯勺取种器的最高点布置在种薯箱内，使其顺序完成舀薯种、升运薯种、分离薯种以及排出薯种等工序。双薯勺取种器设计图见图4-40。

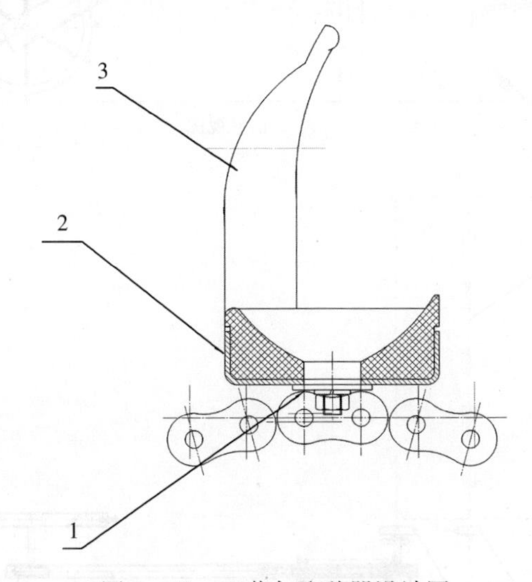

图4-40 双薯勺取种器设计图

1. 双薯勺取种器连接支架 2. 小取种薯勺 3. 大取种薯勺

（三）地轮驱动排肥机构（ZL 2014 20407356.2）

地轮驱动排肥机构包括地轮、链轮Ⅰ、链盒、链条、支架、链轮Ⅱ、中间链轮、排肥链轮、排肥器轴、加压机构。地轮驱动排肥机构通过支架安装在种肥机动后端，链盒一端通过链轮轴与支架铰接，链轮轴上装有链轮Ⅱ和中间链轮，另一端通过轴与地轮铰接，轴上装有链轮Ⅰ。链轮Ⅰ与链轮Ⅱ之间通过驱动链条相连，中间链轮和排肥链轮之间通过传动链条相连。加压机构一端与支架上端铰接，另一端与链盒铰接。地轮轮缘上均匀焊接 12 个齿爪，齿爪与地面成一定的后倾角。地轮驱动排肥机构设计图见图 4－41。

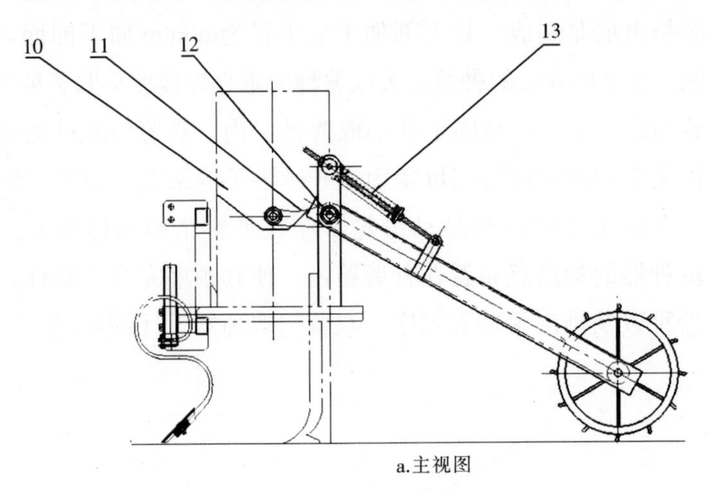

a.主视图

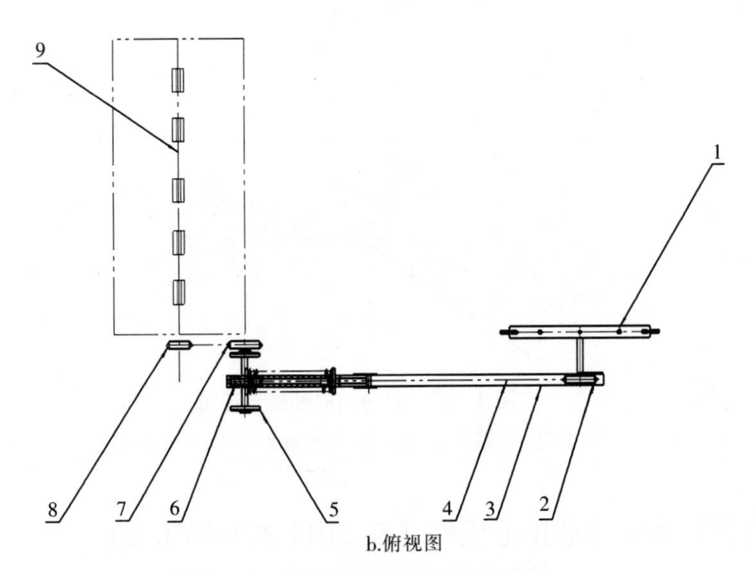

b.俯视图

图 4－41　地轮驱动排肥机构设计图

1. 地轮　2. 链轮Ⅰ　3. 链盒　4. 驱动链条　5. 支架　6. 链轮Ⅱ　7. 中间链轮　8. 排肥链轮　9. 排肥器轴　10. 播种肥机　11. 传动链条　12. 链轮轴　13. 加压机构

该地轮驱动排肥机构由于安装带后倾角齿爪的地轮以及加压机构，具有较好的抓地仿形能力，致使滑转率低，可确保播肥（或播种）量精确、均匀，且结构简单、易制造、操作和维护简便。

（四）播种机用镇压机构（ZL 2014 20407367.0）

播种机用镇压机构包括机架、拉杆支座、前加压机构、前拉杆、种肥开沟器、后拉杆、镇压轮、凸轮定位盒；镇压机构通过拉杆支座安装在播种机机架后端；前加压机构一端绞接在拉杆支座上，另一端用螺母与支板相连，支板焊接在前拉杆后端；凸轮定位盒焊接在前拉杆末端，并设在后拉杆上方；后拉杆限位销焊接在前拉杆末端，后拉杆通过销轴与前拉杆铰接；镇压轮通过轴与轴承与后拉杆连接，播种机用镇压机构设计图见图4－42。

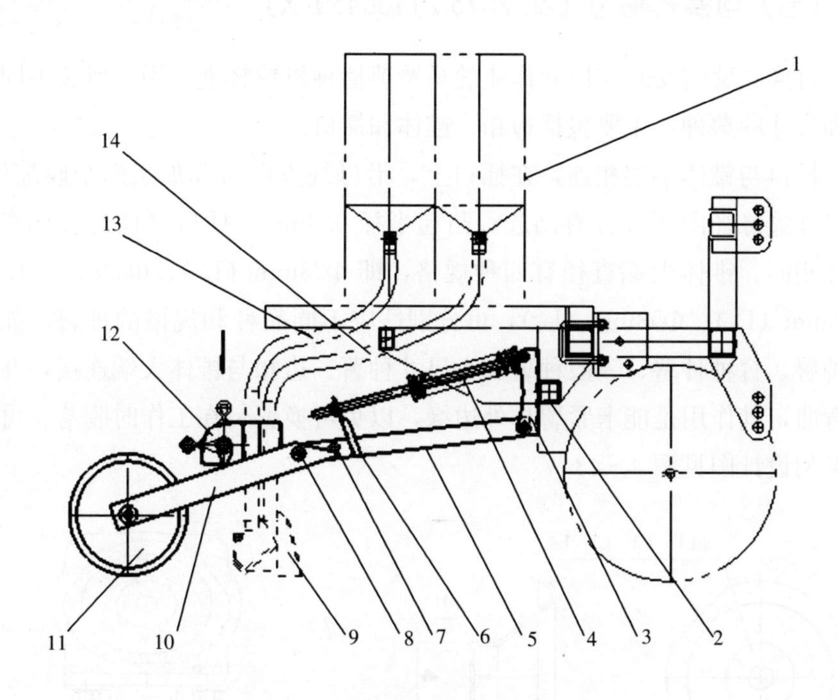

图 4－42　播种机用镇压机构设计图

1. 播种机　2. 机架　3. 拉杆支座　4. 前加压机构　5. 前拉杆　6. 支板　7. 后拉杆限位销　8. 销轴　9. 开沟器　10. 后拉杆　11. 镇压轮　12. 凸轮定位盒　13. 排种管　14. 排肥管

凸轮定位盒装有圆环插销、定位板、凸轮轴、弹簧，圆环插销从定位板中间槽插入，并穿入凸轮轴轴孔，其末端装有弹簧。凸轮轴外端焊有凸轮。

定位板沿 1/4 圆周上钻有 5 个双排圆形定位孔，圆环插销焊有定位销座，在定位销两侧对称焊有定位销。作业时定位销插入定位板的孔内。

该镇压机构采用前、后加压方式，即前加压机构对前拉杆的第一次镇压，以及通过凸轮对后拉杆和镇压轮进行的再次加压，这样就有利于将土壤压碎，确保镇压效果。改变圆环插销在定位板孔的位置，可根据地块不同土壤、墒情随时快速地调节镇压轮对种沟的压力，确保压实土壤，使种子与土壤有一定的紧密程度，以利种子发芽。

镇压机构为单体结构，对地面仿型好，保证对种床镇压效果一致。结构简单，工作可靠，容易制造，操作和维护简便。

（五）可换式薯勺（ZL 2015 21108459. X）

可换式薯勺安装在田间作业的马铃薯播种机薯杯上，用于盛装不同品种和尺寸的薯种，主要包括边扣、锥体和插口。

插口与锥体小端相连，在插口上，沿母线方向对称加工两个收缩槽，插口外边缘径向还设计有凸起，凸起半径 0. 3mm。插口直径与薯杯底部孔径相同。锥体大端直径有四种规格，即 Φ23mm（L_1）、Φ33mm（L_2）、Φ43mm（L_3）、Φ53mm（L_4），可分别适应不同品种和规格的种薯，如原种种薯、育种种薯、一般种薯和大尺寸种薯。边扣与锥体大端连接，并向后弯曲，其作用是能卡紧薯杯外边缘，以免可换薯勺在工作时脱落。可换式薯勺设计图见图 4－43。

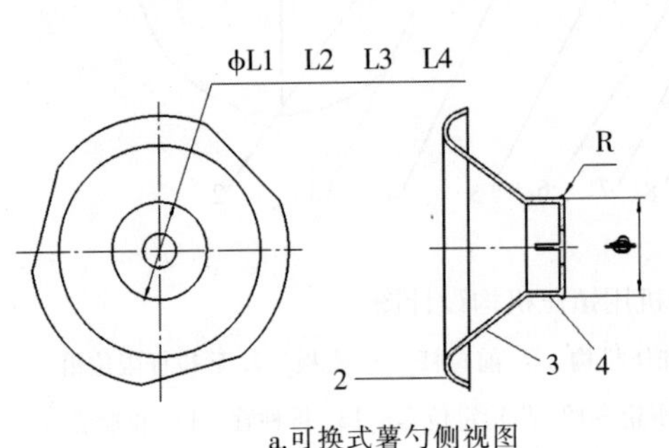

a.可换式薯勺侧视图

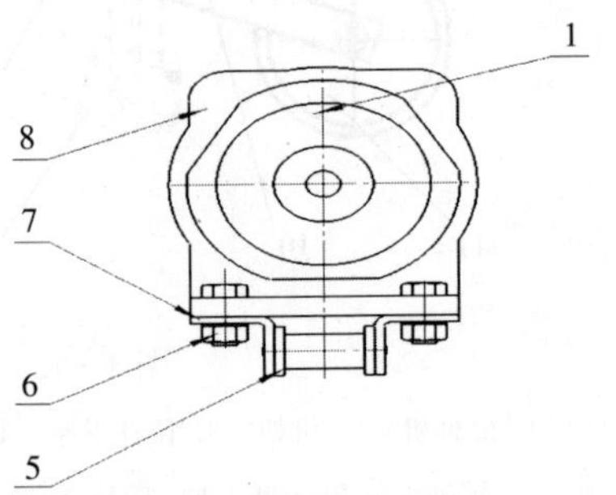

b.薯勺与薯杯装配主视图

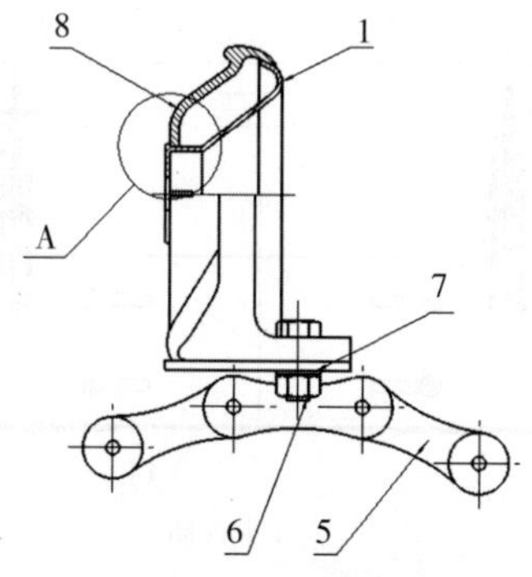

c.薯勺与薯杯装配侧视图

图 4－43　可换式薯勺设计图

1. 可换式薯勺　2. 边扣　3. 锥体　4. 插口　5. 链节

6. 固定螺栓螺母　7. 薯杯固定架　8. 薯杯

可换式薯勺可以增加现有马铃薯播种机播种功能，即在同样播种机上，只要更换不同规格的薯勺，既可适用于播一般马铃薯薯种，也可适于原种种薯、育种种薯、脱毒种薯的种植专业户和农场播种不同品种和尺寸种薯的要求，有效地解决了现有播种机存在的只限于播一般尺寸薯种和播种时易发生漏播、重播现象的缺点。其薯杯和可换式薯勺均用无毒聚氯乙烯等工程塑料制成，便于清洗消毒，不易生锈，而且材料坚固耐用。

（六）起垄整形装置（ZL 2015 211084960）

起垄整形装置安装在马铃薯播种机机架上，位于圆盘起垄器的后面，作用是将前道工序起的土垄进行刮平修整。

起垄整形装置包括左侧板、高度调节板、销轴Ⅰ、角度调节板、机架、连杆、定位板、开口销、压缩弹簧、弹簧压板、销轴Ⅱ、右侧板、固定螺栓螺母和主刮板。定位板焊接在机架上，其中间直立穿有连杆，连杆通过上下开口销、弹簧、弹簧压板与定位板连接。连杆下端通过销轴Ⅱ与高度调节板铰接。起垄整形装置设计图见 4－44。

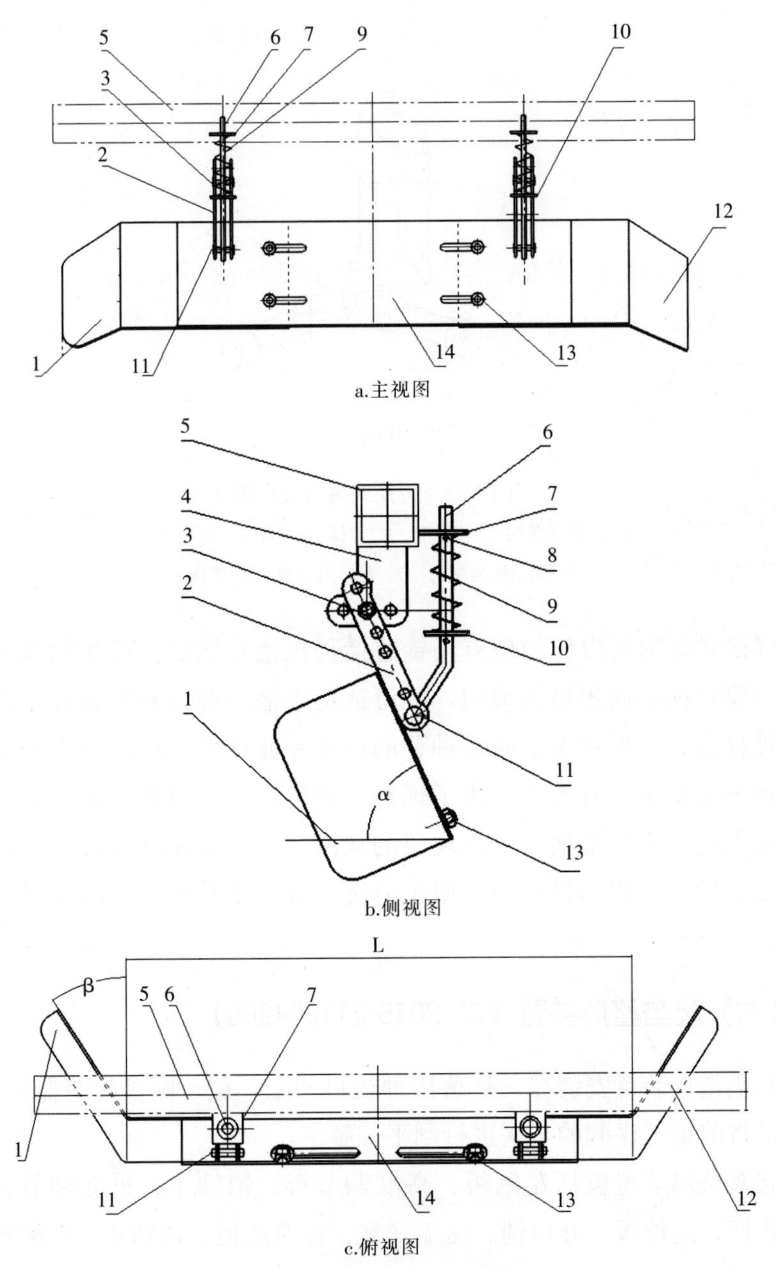

图 4－44　起垄整形装置设计图

1. 左侧板　2. 高度调节板　3. 销轴Ⅰ　4. 角度调节板　5. 机架　6. 连杆　7. 定位板　8. 开口销　9. 压缩弹簧　10. 弹簧压板　11. 销轴Ⅱ　12. 右侧板　13. 固定螺栓螺母　14. 主刮板

主刮板焊接在高度调节板内侧，在主刮板中间两侧各加工有两个长孔，所述的左侧板和右侧板分别通过固定螺栓螺母固定在主刮板的两侧。沿长孔向左右伸缩左、右侧板，即可调节起垄刮板的距离。角度调节板焊接在机架的下方，并通过销轴Ⅰ与高度调节板铰接。在角度调节板上水平方向加工 3 个孔。在高度调节板上沿中心线加工 4 个孔。

该刮板整形器整过的地垄形状整齐、垄面平整，无石块，确保后续覆膜能紧贴垄面，为保护地膜不被风吹破坏以及提高马铃薯秧苗生长率，起到很好的作用。其结构简单、调整简便，种植专业户和农场农民播种时，可根据当年气候条件、种薯品种、地块大小、平整度等播种状况，决定垄高、垄宽尺寸，随时调节刮板整形器的角度、高度以及垄宽度，有效地解决了现有播种机存在的垄形不平整和尺寸不可调的缺点。结构设计合理，节省拖拉机动力；结构简单，便于中小型农机厂制造。

（七）圆盘可调式起垄器（ZL 2015 21108499. 4）

圆盘可调式起垄器包括圆盘、轴承、左拉杆、刮土板、机架、压缩弹簧、压力调节螺母、弹簧支架、弹簧座、角度调节定位板、垫板、右拉杆、调节螺栓螺母子Ⅰ、调节螺栓螺母Ⅱ、中央连接板、机架连接圆管、连接臂和连接螺栓。圆盘可调式起垄器设计图见图 4－45。

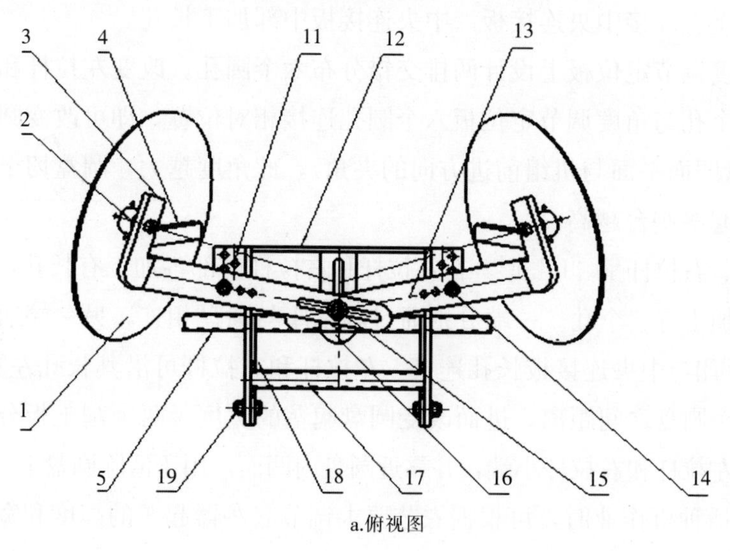

a.俯视图

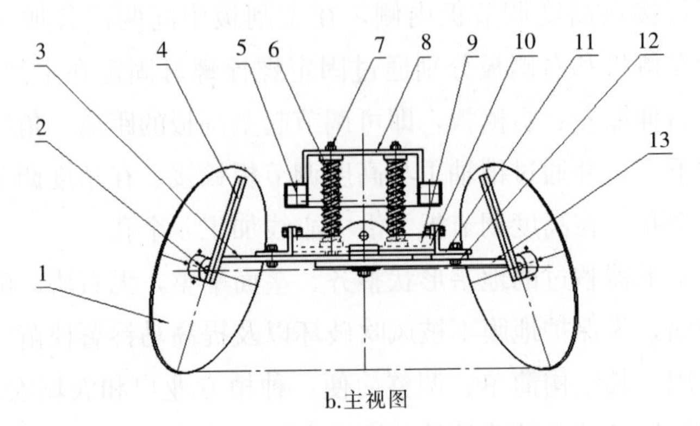

图 4－45　圆盘可调式起垄器设计图

1. 圆盘　2. 轴承座　3. 左拉杆　4. 刮土板　5. 机架　6. 压缩弹簧　7. 压力调节螺母
8. 弹簧支架　9. 弹簧座　10. 连接板　11. 角度调节定位板　12. 垫板　13. 右拉杆
14. 调节螺栓螺母Ⅰ　15. 调节螺栓螺母Ⅱ　16. 中央连接板
17. 机架连接圆管　18. 连接臂　19. 连接螺栓

圆盘可调式起垄器一端通过弹簧支架与机架连接，另一端通过机架连接圆管以及绞接在机架连接圆管两端的连接臂安装在马铃薯播种机机架上。压缩弹簧一端通过压力调节螺栓固定在弹簧支架上，另一端固定在弹簧座上，弹簧座两侧通过固定螺栓分别与两个连接臂相连。在连接臂一端垂直焊接角度调节定位板，在相对的两个连接臂的内侧焊接连接板，连接板中部垂直焊接中央连接板。中央连接板中部加工长孔。

角度调节定位板上设计两排交错分布六个圆孔。改变左拉杆和右拉杆中部三个孔与角度调节定位板六个圆孔连接相对位置，即可改变圆盘偏角（即圆盘凹面平面与机组前进方向的夹角），此角度越大，圆盘切土和取土越多，起垄垄台越高。

左、右拉杆呈“L”形，在左拉杆和右拉杆前部各加工有长孔，中部按中心线加工有三个孔。一端分别通过轴承座与圆盘相连，另一端通过调节螺栓螺母Ⅱ与中央连接板长孔连接。左拉杆和右拉杆可沿其长孔左右伸缩，改变两个圆盘之间距离，进而改变圆盘起垄的宽度。两个刮土板分别垂直焊接在左拉杆和右拉杆小端，并靠近圆盘内凹面，用于清除圆盘上的泥土。

在播种机作业时，可根据农艺要求调节起垄器起垄的高度和宽度。方法是：沿长孔左右伸缩左拉杆和右拉杆的距离，即可相应调节起垄宽度；通过改变左拉杆和右拉杆中部三个孔与角度调节定位板六个圆孔连接相对位置，即可改变起垄高度。另外，通过调节压力调节螺母，也可调节起垄器圆盘对土壤切土能力，改变起垄高度。

该起垄器调节方便，可根据农艺要求改变起垄高度和宽度。由于作业时，圆盘旋转切土并送土，因此牵引阻力小，节省拖拉机功率，提高生产效率。该起垄器既可用在马铃薯播种时期进行起垄作业，也可在其他作物垄作栽培时，进行前期田间整地起垄作业。

（八）集条压垄器（ZL 2015 21108511.1）

马铃薯挖掘机上的集条压垄器，其安装在挖掘机后部，包括两组上集条器和两组下集条器。集条压垄器设计图见图 4－46。

每组上集条器包括上集条板、上集条板支架、支架卡箍和固定螺栓螺母，其中上集条板支架前端焊接在挖掘机侧板内侧，其后端向内弯曲。两个上集条板通过支架卡箍和固定螺栓螺母固定在上集条板支架上，并通过上集条板支架形成的向内弯曲形成两个上集条板前大后小的梯形结构，两个上集条板位于挖掘机分离筛后部上端。

每组下集条器包括固定板、下集条栅栏支架、下集条栅栏、固定螺栓，所述下集条器一端通过固定板、固定螺栓固定在挖掘机侧板末端，位于挖掘机分离筛后部下方。

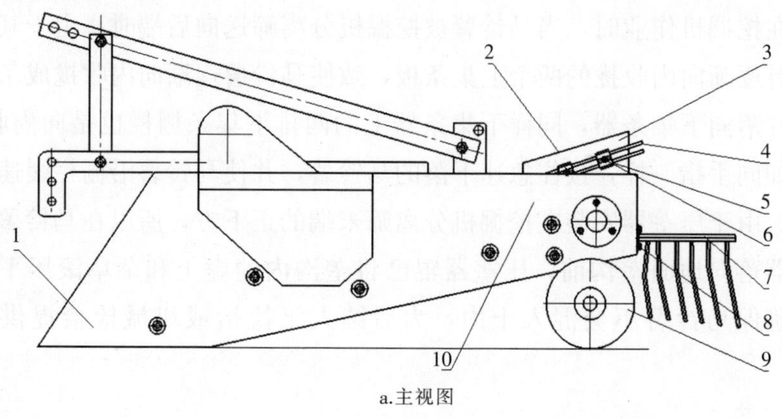

a.主视图

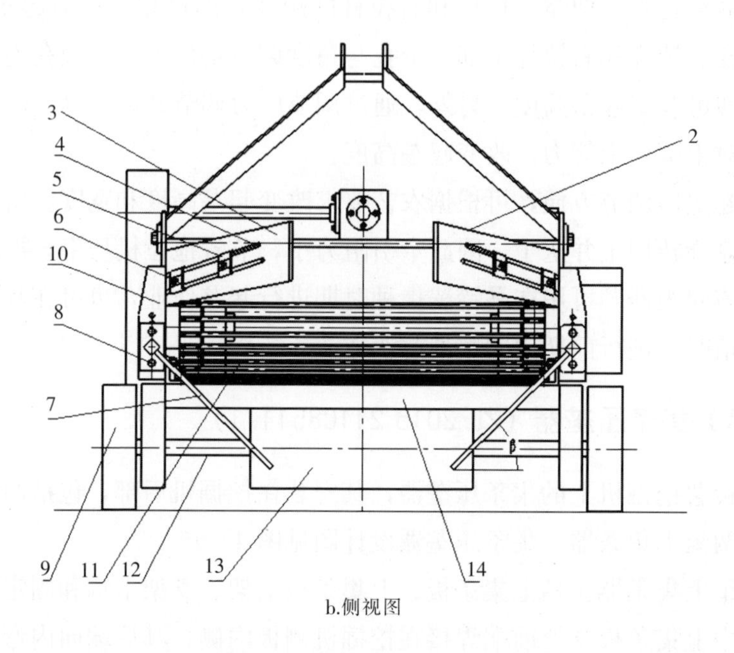

b.侧视图

图 4-46　集条压垄器设计图

1. 马铃薯挖掘机　2. 上集条器　3. 上集条板　4. 上集条板支架　5. 支架卡箍　6. 固定螺栓螺母　7. 下集条器　8. 固定螺栓　9. 挖掘机行走轮　10. 挖掘机侧板　11. 挖掘机分离筛　12. 行走轮轴　13. 压垄器辊　14. 刮土板

在挖掘机分离筛后下方布置有压垄器辊，压垄器辊套装在挖掘机行走轮轴上；在压垄器辊上方安装有刮土板，刮土板两端固定在挖掘机机架上，其能刮净粘附在所述压垄器辊上的泥土。

在挖掘机作业时，当马铃薯被挖掘机分离筛送向后端时，由于其上方安装有逐渐向内收拢的两个上集条板，致使马铃薯逐渐向内收拢成条状排出，并落向下集条器，同样下集条器上的两排下集条栅栏也是向内收拢，栅栏如同手指一样，接住急速下落的马铃薯，并使马铃薯沿栅栏缓速滑向地面。由于压垄器安装在挖掘机分离筛末端的正下方，所以在马铃薯从下集条器落向地面垄沟前，压垄器辊已将垄沟内的虚土和杂草滚压平整坚实，确保马铃薯不会混入土内，为后续人工捡拾或机械捡拾提供便利条件。

二、播种机械

（一）马铃薯垄膜沟植播种联合机组（ZL 2013 20503545.5）

马铃薯垄膜沟植播种联合作业机组主要是由悬挂架、施肥开沟铲、主机架、种薯开沟器、传动机构、种薯箱、起垄刮板、地轮、地垄整形器、膜卷支架、压膜轮机构、活动支架、L形支架、覆土圆盘机构、活动支架铰链、两工位止点、种薯排种机构、种肥箱组成。马铃薯垄膜沟植播种联合作业机组设计图见图4－47。

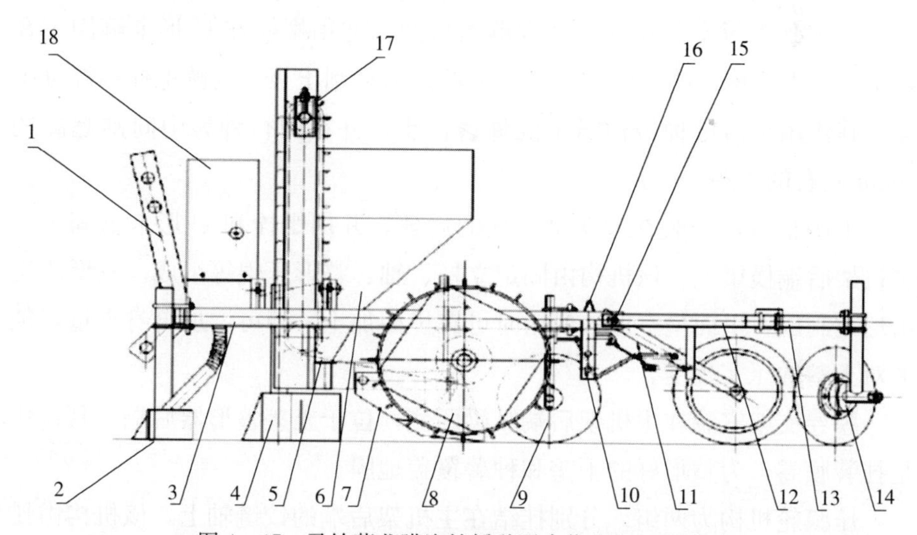

图4－47　马铃薯垄膜沟植播种联合作业机组设计图

1. 悬挂架　2. 施肥开沟铲　3. 主机架　4. 种薯开沟器　5. 传动机构　6. 种薯箱　7. 起垄刮板　8. 地轮　9. 土垄整形器　10. 膜卷支架　11. 压膜轮机构　12. 活动支架　13. L形支架　14. 覆土圆盘机构　15. 活动支架铰链　16. 两工位止点　17. 种薯排种机构　18. 种肥箱

主机架置于垄膜沟植播种联合机组的前方。主机架作用是支撑悬挂架、施肥开沟铲、种肥箱、种薯开沟器、种薯排种机构、种薯箱、起垄刮板、地轮、土垄整形器。

所施肥开沟铲用螺栓和U形卡箍固定在机架的前方横梁上，每个开沟铲后端安有输肥管，通过管道与种肥箱排肥管相连。施肥开沟铲作用是：在种床侧（约50mm）下方开沟，并在沟内施撒种肥，实现种肥分层播种。

种薯开沟器安装在种薯排种机构的输种管下端，并用螺栓和U形卡箍固定在主机架横梁上。其作用是在施肥开沟铲开出的沟的侧上方再开沟，为种薯创造良好的种床，实现种肥分层播种的农艺要求。

种薯排种机构为薯勺链条升运排种式。每台机组装有两套单体式种薯排种机构。该种薯排种机构包括数个薯勺式取种器、主动链轮、被动链轮以及升运取种器链条、输种管等部件。播种机的驱动链轮安装在地轮轮轴上，当机组作业时，地轮带动驱动链轮、通过链条带动种薯排种机构主动链轮、升运链条和安装在链条上的薯勺式取种器运动，顺序完成取种薯和排种薯等工序。

起垄刮土板安装在种薯开沟器的后面，并用螺栓和U形卡箍固定在机架横梁上。该机构由固定立杆、侧板、活动刮土板、调整螺栓和螺母组成。其作用是为排种机构播下的种薯覆土，并在两行种薯中间刮起高约10cm左右的土垄。

土垄整形器安装在起垄刮土板的后面，并用螺栓和U形卡箍固定在主机架后端横梁上。该机构由固定立杆、轴、整形压辊等组成。整形压辊由尼龙制成，里面呈空形，使用时可在里面加土，即可增加自身重量，加大对土垄的压实程度。

膜卷支架安装在主机架后端纵梁两侧，位于土垄整形器后端。其作用是挂装膜卷，为整形好的土垄和种薯覆盖地膜。

压膜轮机构为两组，分别挂结在主机架后端的铰链轴上。该机构由压膜轮支架、压膜轮、压膜轮轴、拉紧弹簧、V形拉杆、挂钩组成，并分置在机架左右两侧。机构可绕轴上下自由活动，并且通过拉紧弹簧、V形拉杆、挂钩与主机架横梁相连。其作用是靠自重将前道工序铺好的地膜两侧边缘压实，使其紧贴地垄表面。为了缩小机组在运输状态时的长度，可用人工绕铰链轴抬起压膜轮机构，使压膜轮靠向种薯箱箱体，使机具重心前移。机组运输时，压膜轮机构机架靠拉紧弹簧、V形拉杆、挂钩向机组前方拉紧靠拢。

圆盘覆土机构为两组，分置于主机架两侧。是由活动支架、L形支架、覆土圆盘、轴承、立杆、拉紧弹簧、挂钩、螺栓和U形卡箍组成。

活动支架一端与主机架铰链链接，L形支架用螺栓和U形卡箍固定在活动支架后端。覆土圆盘用螺栓和U形卡箍固定在L形支架后端，并相对分置于机架的左右两侧。圆盘覆土机构通过拉紧弹簧和挂钩与主机架相连。两侧圆盘后端向内偏置一定角度，便于切土和刮土。圆盘覆土机构的作用是将前道工序压实的地膜边缘及时用土压实。通过调节在U形卡箍中立杆的高低或左右转动立杆角度，即可调整圆盘切土和刮土的深度。为了缩小机组在运输状态时的长度，可用人工绕铰链轴抬起圆盘覆土机构，使活动支架靠向主机架上的两工位止点，使机具重心前移。

传动机构包括驱动链轮、种薯排种机构的主动链轮、排肥箱链轮以及传动链条。机组作业时，与地轮同轴的驱动链轮通过链条带动排种机构的主动链轮、被动链轮和种肥箱的链轮运动，同时完成排种肥—取种薯—排种薯的工序。

马铃薯垄膜沟植播种联合作业机组结构简单紧凑，机动灵活，便于操作，在拖拉机的牵引下，可在田间一次完成开沟—施肥—播种—起垄—整形—覆膜—压膜—覆土等作业，实现垄膜沟播的垄作种植模式，利于雨水向种薯周围汇集，增加土壤根层含水量，提高作物抗旱性和产量。该机组为干旱地区推广应用旱作农业新技术提供机具保障，切实有效地为农户增强抗御自然灾害的能力，而且节肥和节约用膜效果显著，可使肥料有效利用率较比传统种植马铃薯方式提高30%～40%，适合专业户和中小型农场使用。

（二）免耕半精量播种机（ZL 2013 20503666. X）

免耕半精量播种机主要包括悬挂架、地轮、破茬开沟器、镇压机构、播种深度调节板、输种管、镇压轮压力调节机构、机架、排种器、种肥箱、排肥链轮、排肥器、张紧轮、输肥管、传动系统、排种量调节机构、排肥量调节机构、大地轮链轮、小地轮链轮、大排种链轮、小排种链轮。免耕半精量播种机设计图见图4-48。

破茬开沟器通过凸形钢板和螺栓螺母安装在机架的前后横梁上，输种管和输肥管安装在破茬开沟器的后面；破茬开沟器的数量可以调整，其排列可以是前1后2或前3后2，错落安装在机架前后端两根横梁上，以适

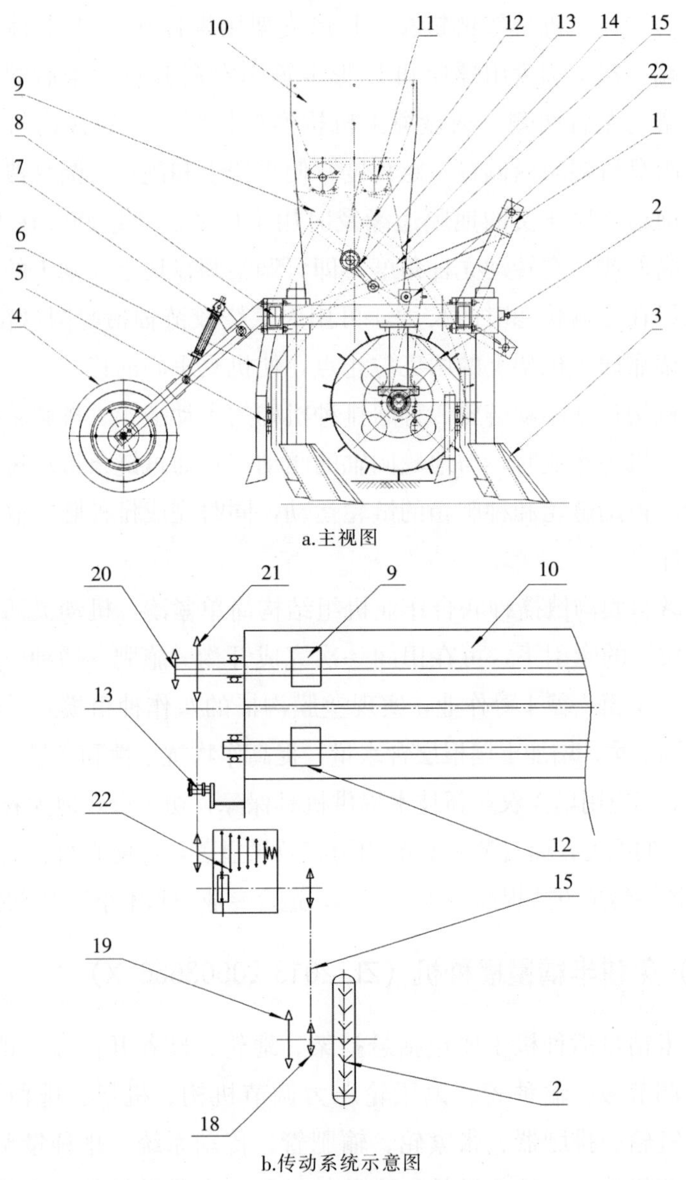

a.主视图

b.传动系统示意图

图 4-48 免耕半精量播种机设计图

1. 悬挂架 2. 地轮 3. 破茬开沟器 4. 镇压机构 5. 播种深度调节板 6. 输种管 7. 镇压轮压力调节机构 8. 机架 9. 排种器 10. 种肥箱 11. 排肥链轮 12. 排肥器 13. 张紧轮 14. 输肥管 15. 传动系统 16. 排种量调节机构 17. 排肥量调节机构 18. 大地轮链轮 19. 小地轮链轮 20. 大排种链轮 21. 小排种链轮 22. 塔轮式变速箱

应不同播种需求。

输种管通过螺栓和螺母连接在输肥管后端，可通过调整螺栓和螺母，改变肥、种之间的距离以及播种深度。

镇压机构固定在机架后端横梁上，并与破茬开沟器对正排列，镇压轮采用带铁心辐板的空心零压橡胶轮。

排种器采用外槽轮排种器和窝眼式排种器两种形式，通过移动种肥箱右侧的排种量调节机构的调节手柄可以互换窝眼和外槽轮式排种器，以适应不同种子的大小。

传动系统由地轮、大地轮链轮、小地轮链轮、大排种链轮、小排种链轮、传动链条组成，其作用是将动力分别传给排种器和排肥器，大地轮链轮和小地轮链轮与地轮同轴相连、大排种链轮和小排种链轮与排种器轴同轴相连。播种时，可以调整传动系统采用大地轮链轮和小排种链轮组合或小地轮链轮和大排种链轮组合，以获得不同的播种速度。其中还包括塔轮式变速箱，其布置在地轮链轮和排种链轮之间，通过调整所述塔轮式变速箱可以获得不同的排种速度。

其中，破茬开沟器为尖角翼铲式，铲尖刃口夹角为38°，铲尖入土角为52°。两侧铲翼宽度为33mm，确保开沟器开出狭窄的种沟（35～40mm），通过调节破茬开沟器与地轮的相对高度，可调节破茬开沟器工作深度，其调节范围为80～100mm。通过上下调整所述破茬开沟器铲柄在凸形板的位置，可调节施肥深度，调节范围为80～100mm。机架前后横梁间距设置为使前后破茬开沟器间距为600mm，所述地轮直径为515mm。

免耕半精量播种机结构简单，操作简便，在拖拉机的牵引下播种机可一次性完成开沟、分层施肥播种、镇压全部播种工艺，减少投入成本，简化作业工序。机架离地间隙大，前后梁间距加大（600mm），可有效地防止秸秆残茬等缠绕堵塞，不会产生缠草和壅土现象，机具通过性能好。机具牵引阻力小，可开出窄沟作为种床，对土壤扰动性小，回土能力强。播种机一机多用。在更换相应排种器后，既可播种玉米，又可播种小麦、谷子等杂粮，也可以播种小粒牧草种子，用于草场复壮更新、松土补播等。

生产机型为2BS－12型小麦/杂粮播种机，经过检测，机具安全性指标符合要求，播种质量指标优于标准技术要求。2BS－12型小麦/杂粮播种机已列入内蒙古自治区支持推广的农业机械产品目录。

表4－38　2BS－12型小麦/杂粮播种机播种指标检测结果

序号	项目	技术要求	检验结果
1	各行排种量一致性变异系数（%）	≤3.9	2.1
2	播种均匀性变异系数（%）	≤45	39
3	种子破损率（%）	≤0.5	0.4
4	总排种量一致性变异系数（%）	≤1.3	1.2
5	各行排肥量一致性变异系数（%）	≤13	11.1
6	总排肥量一致性变异系数（%）	≤7.8	4.3
7	播种深度合格率（%）	≥75.0	84.0
8	槽轮工作长度一致性（mm）	≤1.0	0.7

（三）马铃薯起垄覆膜播种机（ZL 2013 20509157.8）

马铃薯起垄覆膜播种机主要包括施肥开沟铲、悬挂架、前机架、种肥箱、排种管、种薯排种机构、种薯箱、滴灌管支架、后机架、滴灌管引轮、压膜轮机构、圆盘覆土机构、L形伸缩支架、膜卷支架、起垄整形器、圆盘起垄机构、圆盘起垄机构深度调节装置、地轮、种薯开沟器。马铃薯起垄覆膜播种联合作业机组设计图见图4－49。

前机架、后机架和L形伸缩支架，分别置于起垄覆膜播种联合作业机组的前方、中端和后方。前机架作用是支撑施肥开沟铲、种肥箱、种薯开沟器、种薯排种机构、种薯箱及圆盘起垄机构。后机架与前机架为柔性铰链连接，为确保两机架之间相对平行，在机架两侧安装有压力调节弹簧装置。后机架作用支撑滴灌管支架、膜卷支架、起垄整形器。L形伸缩支架为两套，分别用固定螺栓固定在后机架的末端横梁两端。伸缩支架由两个大小不同的矩形管组成。大矩形管上装有压膜轮机构，而L形小矩形管上装有圆盘覆土机构，通过伸缩小矩形管在大矩形管内的位置，即可调整圆盘覆土机构和压膜轮机构之间的前后距离。

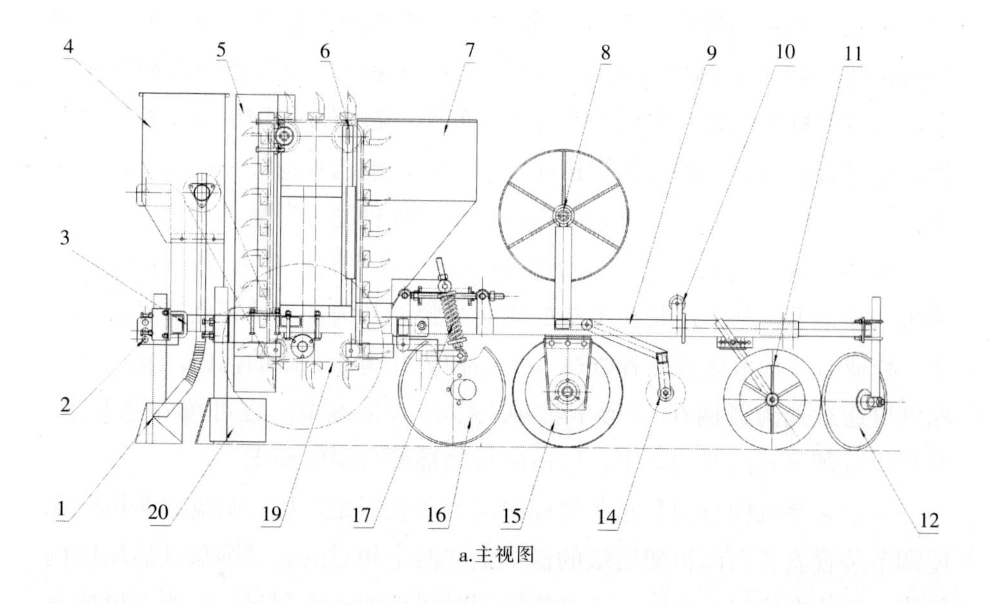

a.主视图

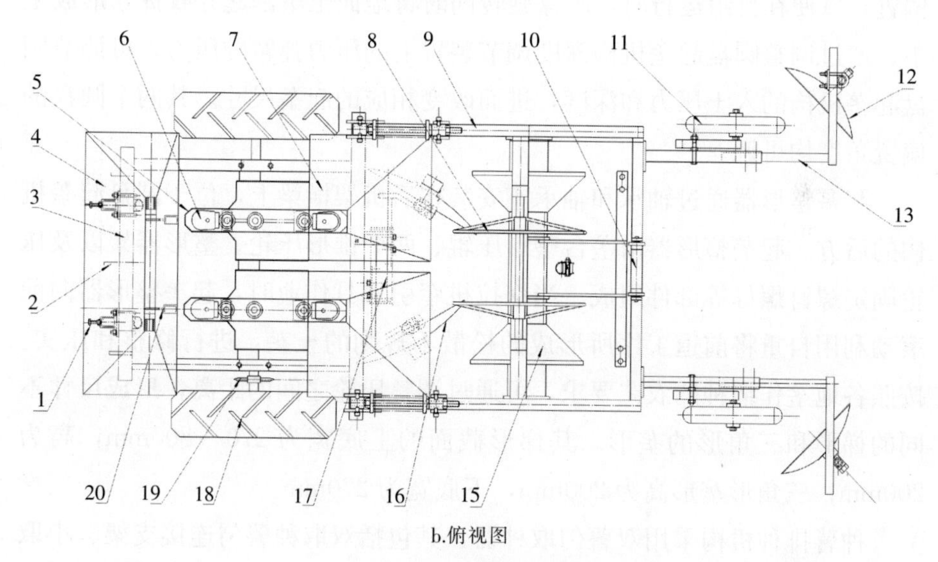

b.俯视图

图 4-49　起垄覆膜播种机设计图

1. 施肥开沟铲　2. 悬挂架　3. 前机架　4. 种肥箱　5. 排种管　6. 种薯排种机构　7. 种薯箱　8. 滴灌管支架　9. 后机架　10. 滴灌管引轮　11. 压膜轮机构　12. 圆盘覆土机构　13. L 型伸缩机架　14. 膜卷支架　15. 起垄整形器　16. 圆盘起垄机构　17. 起垄机构深度调节装置　18. 地轮　19. 传动机构　20. 种薯开沟器

施肥开沟铲用螺栓和U形卡箍固定在机架的最前方，通过上下调整开沟铲柄在U形卡箍的位置，即可调节开沟深度。根据作物播种株距要求，也可沿机架横梁左右调节两开沟铲间距。每个开沟铲后端安装有输肥管，通过管道与种肥箱排肥管相连。工作时，施肥开沟铲一边开沟，一边在种床侧（约50mm处）下方施撒种肥，实现种肥分层播种。

所述种薯开沟器安装在输种管的下端。并用螺栓和U形卡箍固定在前机架横梁上。其作用是在土垄的侧面半腰处开沟，为种薯创造良好的种床。作业时，种薯通过排种管落入下面种薯开沟器开出的沟内。其开沟的深度可通过开沟器柄在U形卡箍中上下位置来调节。也可按农艺要求，调整两行种薯开沟器的间距，以适应作物播种行距的要求。

圆盘起垄机构与圆盘起垄机构深度调节装置相连接。圆盘起垄机构深度调节装置安装在前机架后端的横梁上。两个相对的起垄圆盘其后端向内偏置，以便在机组运行时，圆盘旋转同时将地面土壤刮起并收拢，形成土垄。通过调整圆盘起垄机构深度调节装置上的压力弹簧的压力，可调节圆盘起垄机构的入土压力和深度，进而改变相应的起垄尺寸。其两个圆盘的偏置角度均可调。

起垄整形器通过轴承和轴承座安装在后机架横梁上，位于圆盘起垄机构的后方。起垄整形器由垄台整形压辊、两个锥形压轮、整形器架以及压轮固定螺钉螺母等部件组成。当拖拉机牵引机具作业时，起垄整形器向前滚动利用自重将前道工序所形成的松散不规则的土垄，进行修整和压实。按照各地垄作播种的农艺要求，可通过调整压轮之间的距离，形成尺寸不同的梯形和三角形的垄形。其梯形截面的上底宽为270～800mm，高为200mm；三角形垄形高为200mm，下底宽为270mm。

种薯排种机构采用双薯勺取种器，其包括双取种薯勺连接支架、小取种薯勺、大取种薯勺、小取种薯勺芯以及双取薯种勺固定螺钉螺母。大取薯种勺垂直焊接在小取薯种勺边缘，小取种薯勺芯用十字螺钉与小取薯种勺固定。双薯勺取种器通过双取种薯勺连接支架和固定螺钉螺母紧固在升运滚子链条上，双薯勺取种器由主动链轮、升运滚子链条和被动链轮带动在种薯箱和输种管道之间运动，双薯勺取种器的最高点布置在种薯箱内；

双薯勺取种器能围绕主动链轮向上方移动并进入种薯箱底部取种；随升运滚子链条转动至最高点后倾斜，多余的薯块靠自重落下，沿升运器输送管道重新返回种薯箱内；双薯勺取种器围绕被动链轮向下移动，薯块由小取种薯勺芯被动链轮内掉出，沿输种管道落入地面垄沟。

滴灌管支架安装在后机架上方，可装滴灌管。膜卷支架安装在后机架横梁上，位于起垄整形器后端。

压膜轮机构是由压膜轮、压膜轮轴、压膜轮支架组成。压膜轮机构是通过压膜轮支架和固定螺栓固定在L形伸缩支架上，它位于膜卷支架后端，并分置在机架左右两侧。其作用是将前道工序铺好的地膜两侧边缘压实，使其紧贴地垄表面。通过调节左右伸缩支架在后机架横梁上孔的位置，即可调节压膜轮间距。也可调节压膜轮支架在伸缩支架上孔的位置，来调整压膜轮对地膜的压力。

圆盘覆土机构是由覆土圆盘、轴承、立杆、螺栓和U形卡箍组成。它通过螺栓和U形卡箍固定在L形伸缩机架的最后端，并相对分置于机架的左右两侧。两侧圆盘后端向内偏置一定角度，便于切土和刮土。圆盘覆土机构的作用是将前道工序压实的地膜及时用土压实。通过调节在U形卡箍中立杆的高低或左右转动立杆角度，即可调整圆盘切土和刮土的深度。

传动机构包括驱动链轮、种薯排种机构的主动链轮、排肥箱链轮以及传动链条。机组作业时，与地轮同轴的驱动链轮通过链条带动排种机构的主动链轮、被动链轮和种肥箱的链轮运动，同时完成排种肥—取种薯—排种薯的工序。

马铃薯起垄覆膜播种联合作业机组在拖拉机的牵引下，可在田间一次完成开沟—施肥—播种—起垄整形—铺滴灌管道—覆膜—压膜—覆土等作业。该机组可同时在膜下铺设滴灌管道，为干旱地区推广应用旱作农业膜下滴灌节水新技术提供机具保障，切实有效地为农户增强抗御自然灾害的能力。

生产机型为2CMFP-2型马铃薯播种机，经过检测，机具安全性指标符合要求，播种质量指标优于标准技术要求，已列入内蒙古自治区支持推广的农业机械产品目录。

表 4-39　2CMFP-2 型马铃薯播种机播种指标检测结果

序号	项　目	技术要求	检验结果
1	种薯间距合格指数（%）	≥85	88
2	种植深度合格率（%）	≥80	88
3	种薯幼芽损伤率（%）	≤1.5	0.8
4	漏种指数（%）	≤10	4
5	重种指数（%）	≤20	8
6	各行排肥量一致性变异系数（%）	≤13.0	5.2
8	总排肥量稳定性变异系数（%）	≤7.0	5.2
9	种肥间距（mm）	≥30	39

（四）马铃薯播种起垄联合作业机（ZL 2011 00296246. X）

马铃薯播种起垄联合作业机主要包括机架、排种机构、动力传动系统、施肥机构、铺膜机构和覆土机构。其中，在机架上从前到后依次设有施肥机构、排种机构、动力传动系统、起垄机构、铺膜机构和覆土机构。马铃薯播种起垄联合作业机设计图见图 4-50。

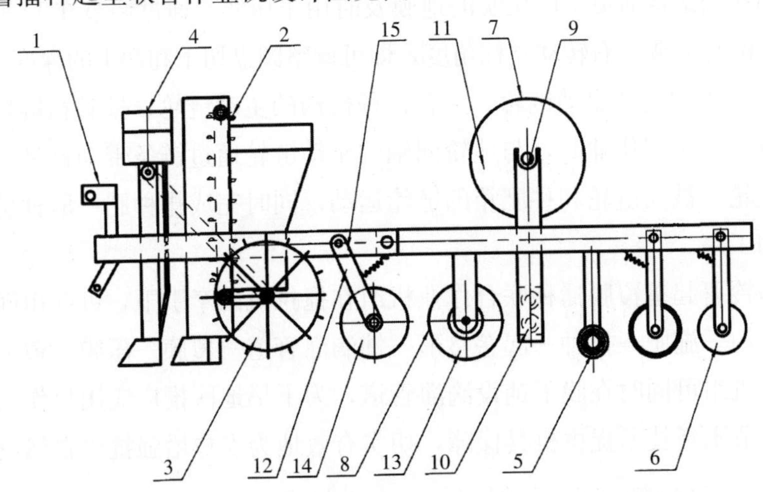

图 4-50　马铃薯播种起垄联合作业机设计图

1. 机架　2. 排种机构　3. 动力传动系统　4. 施肥机构　5. 铺膜机构　6. 覆土机构　7. 滴灌机构　8. 起垄机构　9. 滴灌支架　10. 滴管导向滑轮　11. 滴管　12. 起垄器　13. 起垄成型器　14. 凹形旋转圆盘

在施肥机构和铺膜机构之间的机架上从前到后依次设有起垄机构和滴灌机构。起垄机构包括起垄器和起垄成型器，起垄器为两个凹形旋转圆盘和两根上下活动臂，两根上下活动臂的一端分别固定在机架的两侧，在每根上下活动臂另一端活动固定有凹形旋转圆盘。起垄成型器为圆锥滚筒，通过筒轴活动固定在机架底部。滴灌机构包括滴灌支架、滴管导向滑轮和滴管。在机架上固定有滴灌支架，在滴灌支架顶部架设有滴管，在滴灌支架底部设有滴管导向滑轮。

马铃薯播种起垄联合作业机增加了滴灌支架、起垄器及起垄成型器，可以进行高垄种植，有利于提高马铃薯产量。

生产机型为2CMP－2型马铃薯高垄覆膜播种机，经过检测，机具安全性指标符合要求，播种质量指标优于标准技术要求，已列入内蒙古自治区支持推广的农业机械产品目录。

表4－40　2CMP－2型马铃薯高垄覆膜播种机播种指标检测结果

序号	项　　目	技术要求	检验结果
1	有效度（%）	≥90	100
2	种薯间距合格指数（%）	≥67	79
3	种植深度合格率（%）	≥80	84
4	种子破损率（%）	≤2	0
5	漏种指数（%）	≤13	8
6	重种指数（%）	≤20	10
7	合格种薯间距变异系数（%）	≤33	24
8	各行排肥量一致性变异系数（%）	≤13.0	10.6
9	总排肥量一致性变异系数（%）	≤7.8	5.8
10	行距的最大偏差（cm）	≤5	2

（五）马铃薯施肥播种铺膜联合作业机（ZL 2011 20296250.6）

马铃薯施肥播种铺膜联合作业机主要包括机架、排种机构、动力传动系统、施肥机构、铺膜机构和覆土机构。其中，在机架上从前到后依次设有排种机构、动力传动系统、施肥机构、铺膜机构和覆土机构。其中还包括滴灌机构和起垄机构，在施肥机构和铺膜机构之间的机架上，从前到后依次设有滴灌机构和起垄机构。滴灌机构包括滴灌支架、滴管导向滑轮和滴管，在机架上固定有滴灌支架，在滴灌支架顶部架设有滴管，在滴灌支架底部设有滴管导向滑轮。起垄机构包括起垄器和起垄成型器。起垄器为两个凹形旋转圆盘和两根上下活动臂，两根上下活动臂的一端分别固定在机架的两侧，在每根上下活动臂另一端活动固定有凹形旋转圆盘。起垄成型器包括起垄成型刮板和起垄成型臂，起垄成型臂一端固定在机架底部，在起垄成型臂另一端固定有起垄成型刮板。马铃薯施肥播种铺膜联合作业机设计图见图 4-51。

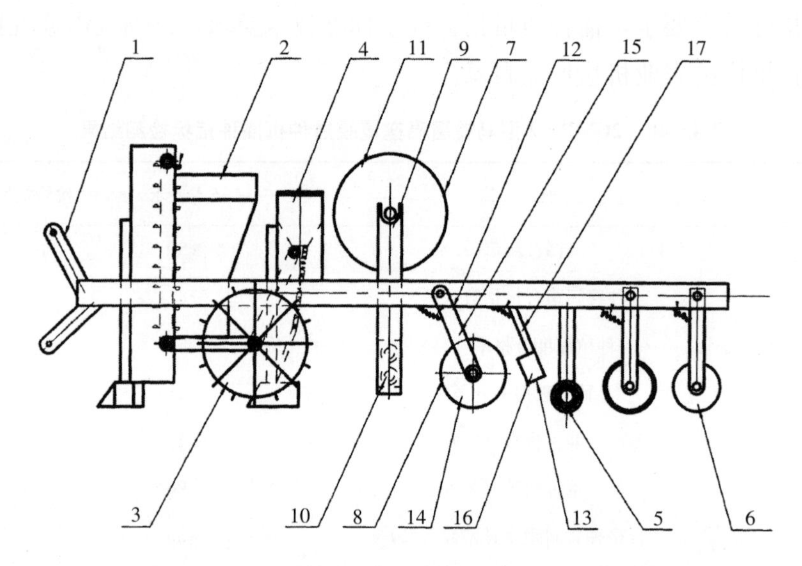

图 4-51 马铃薯施肥播种铺膜联合作业机设计图

1. 机架 2. 排种机构 3. 动力传动系统 4. 施肥机构 5. 铺膜机构 6. 覆土机构 7. 滴灌机构 8. 起垄机构 9. 滴灌支架 10. 滴管导向滑轮 11. 滴管 12. 起垄器 13. 起垄成型器 14. 凹形旋转圆盘 15. 上下活动臂 16. 起垄成型刮板 17. 起垄成型臂

生产机型为 2CMM（P）-2 型马铃薯（平垄）高垄覆膜播种机，经过检测，机具安全性指标符合要求，播种质量指标优于标准技术要求，已列入内蒙古自治区支持推广的农业机械产品目录。

表 4-41　2CMM（P）-2 型马铃薯（平垄）高垄覆膜播种机播种指标检测结果

序号	项　　目	技术要求	检验结果
1	有效度（%）	≥90	100
2	种薯间距合格指数（%）	≥67	77
3	种植深度合格率（%）	≥80	88
4	种子破损率（%）	≤2	0
5	漏种指数（%）	≤13	8
6	重种指数（%）	≤20	15
7	合格种薯间距变异系数（%）	≤33	19
8	各行排肥量一致性变异系数（%）	≤13.0	8.5
9	总排肥量一致性变异系数（%）	≤7.8	4.6
10	行距的最大偏差（cm）	≤5	3

第六节　农艺农机一体化综合配套技术

在滴灌补水抗旱保苗、垄膜沟植抗旱播种保苗相关机理研究的基础上，集成马铃薯、向日葵等主要作物抗旱保苗关键技术及其关键装备，形成马铃薯高垄覆膜滴灌补水抗旱播种保苗综合配套技术、马铃薯半高垄覆膜滴灌补水抗旱播种保苗综合配套技术、马铃薯平作覆膜滴灌补水抗旱播种保苗综合配套技术、马铃薯高垄（不覆膜）滴灌补水抗旱播种保苗综合配套技术、马铃薯垄膜沟植抗旱播种保苗综合配套技术和向日葵垄膜沟植抗旱播种保苗综合配套技术各1套。制定地方技术标准3套。并在生产上大面积推广应用。

马铃薯高垄覆膜及半高垄覆膜滴灌补水抗旱播种保苗综合配套技术主要集成了马铃薯高垄（半高垄）播种机及机械化播种技术、高垄（半高垄）滴灌补水抗旱保苗技术和病虫草害防治技术，技术流程为：种薯催芽—切块—拌种—机械播种—苗前滴灌—中耕＋化学除草—生长期水肥管理—机械收获。在示范区应用比农户人工点播常规漫灌成苗数增加30%以上，出苗期提前5d以上，产量增加40%以上，节水50%以上；比农户人工点播常规滴灌成苗数增加25%以上，出苗期提前4d以上，产量增加25%以上。

马铃薯平作覆膜滴灌补水抗旱播种保苗综合配套技术主要集成了马铃薯平作膜下滴灌播种机及机械化播种技术、平作膜下滴灌补水抗旱保苗技术和病虫草害防治技术，技术流程为：种薯催芽—切块—拌种—机械播种＋膜下化学除草—苗前滴灌—膜间中耕＋化学除草—生长期水肥管理—机械收获。示范田比农户人工点播常规覆膜漫灌成苗数增加40%以上，出苗期提前4d以上，产量增加30%以上；比农户人工点播常规滴灌成苗数提高35%以上，出苗期提前3d以上，增产15%以上。

表 4－42　马铃薯膜下滴灌综合配套技术应用效果

技术模式	出苗时间（d）	成苗数（株/667m²）	成苗数增加（%）	总灌溉水量（吨/667m²）	产量（kg/667m²）	增产（%）
高垄覆膜滴灌综合配套技术	20	2 554	30.0	120	2 276.9	53.7
半高垄覆膜滴灌综合配套技术	20	2 637	34.2	90	2 083.5	40.7
平作覆膜滴灌综合配套技术	21	2 759	40.4	90	1 979.0	33.6
高垄（不覆膜）滴灌综合配套技术	21	2 421	23.2	150	1 990.1	34.4
农户常规覆膜滴灌	24	2 032	3.4	90	1 708.5	15.3
农户常规覆膜漫灌	25	1 965	—	280	1 481.2	—

马铃薯高垄（不覆膜）及半高垄（不覆膜）滴灌补水抗旱播种保苗综合配套技术主要集成了马铃薯高垄（半高垄）膜下滴灌播种机及机械化播种技术、高垄（半高垄）膜下滴灌补水抗旱保苗技术和病虫草害防治技术，技术流程为：种薯催芽—切块—拌种—机械播种＋膜下化学除草—苗前滴灌—膜间中耕＋化学除草—生长期水肥管理—机械收获。示范田比农户人工点播常规覆膜漫灌成苗数提高20%以上，出苗期提前4d以上，产量增加30%以上。

马铃薯垄膜沟植抗旱播种保苗综合配套技术主要集成了垄膜沟植播种机及机械化播种技术、垄膜沟植技术、抗旱品种应用、种薯（种子）抗旱处理技术和抗旱保水剂应用技术，技术流程为：抗旱品种选择—种薯催芽—切块—拌种—垄膜沟植机械播种＋抗旱保水剂—生长期管理—机械收获。垄膜沟植示范田比人工点播常规覆膜旱作成苗数提高25%以上，出苗期提前2d以上，产量增加25%以上。

向日葵垄膜沟植抗旱播种保苗综合配套技术主要集成了垄膜沟植播种机及机械化播种技术、垄膜沟植技术、抗旱品种应用和抗旱保水剂应用技术，技术流程为：抗旱品种选择—垄膜沟植机械播种＋抗旱保水剂—生长期管理—收获。垄膜沟植示范田比常规覆膜旱作成苗数提高5%以上，出苗期提前2d以上，产量增加10%以上。

表 4-43　垄膜沟植综合配套技术应用效果

技术模式	出苗时间 (d)	成苗数 (株/667m²)	成苗数增加 (%)	产量 (kg/667m²)	增产 (%)
马铃薯垄膜沟植综合配套技术	24	2 246.5	25.8	1 037.3	26.8
马铃薯常规覆膜种植	26	1 785.5	—	818.2	—
向日葵垄膜沟植综合配套技术	6	2 382.6	6.3	237.4	10.6
向日葵常规覆膜种植	8	2 241.2	—	214.6	—

第七节　标志性成果

本研究取得了一系列重要成果，主要标志性成果有以下方面：

第一，揭示了马铃薯滴灌抗旱保苗的土壤温湿度变化及马铃薯生长动态变化规律，确定了不同栽培方式下的滴灌量、滴灌时间及次数等关键参数，研究形成了马铃薯滴灌抗旱保苗技术体系，填补了马铃薯滴灌抗旱保苗技术领域的研究空白。

系统研究了覆膜起垄、覆膜不起垄和不覆膜高垄等栽培模式下马铃薯出苗前进行滴灌的土壤温湿度变化及马铃薯生长动态变化规律，明确了马铃薯膜下滴灌抗旱保苗关键技术指标，填补了马铃薯滴灌抗旱保苗技术领域的研究空白。覆膜栽培马铃薯出苗前滴灌最佳补水量为 6～9$m^3/667m^2$，播种后早进行滴灌有利于马铃薯出苗，应在播种后 7d 内尽早进行滴灌补水；此项技术可以使覆膜马铃薯出苗率提高 10%以上、出苗期提前 3d 以上，增产 15%以上。高垄马铃薯出苗前滴灌最佳补水量为 8～11$m^3/667m^2$，播种后早进行滴灌有利于马铃薯出苗，应在播种后 5d 内尽早进行滴灌补水；此项技术可以使马铃薯出苗率提高 15%以上、出苗期提前 4d 以上，增产 15%以上。

第二，揭示了农牧交错风沙区垄膜沟植条件下雨水集蓄及水分运移规律，明确了马铃薯和向日葵垄膜沟植的关键技术参数与指标，形成了旱坡地垄膜沟植抗旱保苗技术体系，填补了马铃薯和向日葵垄膜沟植抗旱保苗技术领域的研究空白。

垄膜沟植技术可以有效提高旱坡地对自然降水的利用率，提高马铃薯、向日葵等作物的出苗率和产量。阴山北麓马铃薯垄膜沟植最适宜的起垄覆膜宽度为 40～50cm，向日葵垄膜沟植适宜的起垄覆膜宽度为 50～60cm，起垄高度以 10cm 左右为宜。

第三，研制开发了马铃薯垄膜沟植、向日葵垄膜沟植两种播种机，填补了马铃薯、向日葵垄膜沟植施肥播种机具的空白。

研究创新了起垄和整形部件，开发形成了马铃薯垄膜沟植施肥播种机和向日葵垄膜沟植施肥播种机各1种，并进行田间试验、考核和示范推广。这两种机具能够实现垄膜沟植播种的起垄高度、起垄宽度等关键技术指标，施肥、播种、起垄、覆膜等工序一次性完成，大幅提高了播种效率。填补了马铃薯、向日葵垄膜沟植施肥播种机具的空白，为垄膜沟植技术的大面积推广应用奠定了良好的基础。

第四，研究创新了大小勺式取种器和可调式起垄整形器等关键部件，研制开发了马铃薯高垄覆膜、平作覆膜和高垄不覆膜滴灌施肥联合播种机。

研究创新了大小勺式取种器和可调式起垄整形器等关键部件，研制开发了马铃薯高垄覆膜、平作覆膜和高垄不覆膜滴灌施肥联合播种机，并进行田间试验、生产考核和示范推广。新式的大小勺取种器可以先通过大取种勺取2～3颗种薯，在上升过程中把1颗种薯放进小勺中播进垄沟中，大幅减少了马铃薯种薯的重播率和漏播率。新的起垄整形器由垄台整形压辊、垄台整形锥形压轮等部件构成，起垄的垄台宽度可以根据生产需要进行调整，并且对垄侧斜面的角度也进行了优化，使其更适于马铃薯种植。该机具施肥、播种、起垄、铺设滴灌带、覆膜、覆土等工序一次性完成，大幅提高了播种效率。

第五章 技术示范应用与效果

第一节 技术应用情况

课题组连续4年在武川县哈乐镇和四子王旗东八号镇建设规模各为$70hm^2$左右的马铃薯膜下滴灌抗旱保苗核心示范区，累计示范面积$560hm^2$。项目实施以来，课题组在四子王旗、武川县、达茂旗、固阳县等马铃薯主产区共开展了14次技术培训活动，累计培训农民及技术人员1 600余人次，发放技术资料1.8万多份。以现场会、播种机具使用培训、种植管理技术培训和发放技术资料等形式辐射带动周边地区应用膜下滴灌抗旱保苗技术$1.76hm^2$以上。2013年，在四子王旗东八号镇核心示范区，主要示范推广马铃薯播种机具以及马铃薯高垄膜下滴灌抗旱保苗综合配套技术、马铃薯平作膜下滴灌抗旱保苗综合配套技术、马铃薯半高垄膜下滴灌抗旱保苗综合配套技术、马铃薯垄膜沟植综合配套技术等综合配套技术，示范面积累计$77hm^2$。

在武川县大豆铺核心示范区，主要示范推广马铃薯高垄滴灌抗旱保苗综合配套技术、马铃薯垄膜沟植抗旱播种保苗综合配套技术等抗旱保苗综合配套技术和马铃薯高垄播种机、马铃薯垄膜沟植播种机等配套机具，示范面积累计$70hm^2$。

2014年，在四子王旗东八号镇核心示范区示范推广马铃薯播种机具以及马铃薯高垄膜下滴灌抗旱保苗综合配套技术$75hm^2$，在武川县大豆铺核心示范区示范推广马铃薯高垄滴灌抗旱保苗综合配套技术$65hm^2$。

第二节 技术应用与产量比较

2011年示范区的测产结果表明（表5-1），应用滴灌保苗技术田间马铃薯成苗率比旱作处理高18%以上，单株产量和亩产量大幅提高。垄膜沟植马铃薯单株产量和亩产量也大幅高于常规覆膜旱作。应用抗旱保苗综合技术，对提高马铃薯出苗率、促进生长和增加产量效果显著，起到了很好的宣传和示范效果。

表5-1 示范区测产结果

处理	商品薯率（%）	单株结薯数（个）	单株商品薯数（个）	单株产量（kg/株）	亩株数（株/667m²）	亩产量（kg/667m²）
垄膜机播滴灌	89.08	6.30	4.70	703.80	2 705.06	1 903.82
平膜机播滴灌	89.49	4.55	3.20	695.35	1 976.30	1 374.22
垄膜沟植	70.49	4.80	2.13	395.33	1 593.39	629.91
平膜机播旱作＋保水剂	68.02	3.73	1.23	269.87	1 667.50	450.01
平膜机播滴灌＋保水剂	92.29	5.18	3.65	831.55	2 038.06	1 694.75
农户平作覆膜滴灌	90.52	6.57	4.43	947.20	1 429.29	1 353.82
农户平作覆膜漫灌	83.42	4.83	2.67	603.30	1 334.00	804.80
高垄滴灌*	86.46	8.00	5.30	1 070.00	1 815.72	1 942.82

注："*"为武川示范区结果，其余为四子王示范区结果。

2012年示范区的测试结果表明（表5-2、表5-3），课题研制的马铃薯播种机播种质量符合生产要求；播种后滴灌补水可以保证马铃薯成苗率在85%以上；应用旱立停和保水剂可以提高马铃薯出苗率和产量，但不如在旱地使用效果显著。通过各单项技术配套应用和抗旱播种保苗综合技术的实施，有效地解决了马铃薯出苗难、保苗难、成苗难的突出问题，马铃薯出苗成苗率比常规覆膜漫灌提高10%以上，产量增加30%以上，节水50%以上，效益显著。

表5-2 四子王示范区马铃薯出苗和产量情况

处理	成苗率（%）	株高（cm）	产量（kg/667m²）
半高垄滴灌	84.8	36.6	1 918.8
半高垄滴灌加保水剂	87.2	32.6	2 122.7
半高垄滴灌加旱立停	91.1	31.7	1 980.9
平垄滴灌加保水剂	85.6	36.3	1 976.2
平垄滴灌加旱立停	87.8	33.1	1 934.5
平垄滴灌	85.2	37.9	1 879.4

表5-3 武川示范区马铃薯出苗和产量情况

处理	出苗率（%）	产量（kg/667m²）
滴灌示范区	96.3	2 342.3
喷灌对照	89.6	2 068.5

第三节 技术应用效果分析

一、经济效益

马铃薯、向日葵等作物应用滴灌抗旱保苗和垄膜沟植抗旱保苗技术促进作物出苗及保苗增产的效果显著，配套的播种装备可以大幅提高生产效率、降低生产成本。核心示范区马铃薯、向日葵、燕麦等作物“适期播种率”达80%以上，播种保苗率达90%以上。作物产量提高10%～20%，平均亩增效益150～550元，机械化水平提高到80%以上。应用抗旱播种保苗综合技术与装备的经济效益十分显著。

二、生态效益

滴灌（膜下滴灌）补水抗旱保苗技术是生产中的一个重要环节，保苗增产效果事半功倍。滴灌和膜下滴灌种植能有效降低蒸发、深层渗漏、地表径流等造成的水肥损失，相比传统的渠系灌溉，在同等产量水平下可以节水50%以上、节肥15%以上，可以显著提高水资源利用效率、节约灌溉用水，并能减少肥料流失对地下水及地表水系的污染。滴灌补水抗旱保苗技术体系的应用，可以有效提高马铃薯等作物滴灌种植的效益，促进滴灌和膜下滴灌的大面积推广。

旱坡地垄膜沟植抗旱保苗技术通过起垄可以有效减少水土的流失，促进雨水向作物根际土壤中渗透，大幅提高自然降水的利用效率。

农牧交错风沙区抗旱补水播种保苗关键技术与装备的推广应用可以显著提高水资源和耕地的利用效率，对农牧交错区的生态建设具有重要而深远的意义。

三、社会效益

通过本项目的实施，示范推广马铃薯、向日葵、杂粮等作物的播种机具和抗旱保苗技术，促进滴灌、膜下滴灌、垄膜沟植等高效种植模式的大面积应用，可以有效提高阴山北麓及周边地区马铃薯等作物种植的机械化水平和经济效益，对解决农业劳动力紧缺难题、促进该地区农业生产的集约化、规模化发展具有重要意义，为农业增产增效、农民增收提供技术上的有力保障，促进农牧业生产良性循环，走可持续发展之路。

四、进一步推广应用的前景

马铃薯滴灌抗旱保苗技术和垄膜沟植抗旱播种保苗技术的节水、保苗、增产效果显著，配套的播种装备可以大幅提高生产效率、降低种植成本，项目技术推广具有显著的经济效益、生态效益和社会效益，该项目成果经专家鉴定认为总体达到国内领先水平，在播种保苗农艺农机一体化技术上处于国际先进水平。项目成果符合生产实际需求，可以在内蒙古中西部马铃薯主产区推广应用，并对周边地区有借鉴意义，应用前景广阔。

附　录

附录一　平作马铃薯膜下滴灌栽培技术规程

1　范围

本标准规定了平作马铃薯膜下滴灌栽培各项技术规范。

本标准适用于内蒙古中西部马铃薯种植区，其他地区可以参照执行。

2　规范性引用文件

下列文件对于本文件的应用是必不可少的。凡是注日期的引用文件，仅注日期的版本适用于本文件。凡是不注日期的引用文件，其最新版本（包括所有的修改单）适用于本文件。

GB 4285　农药安全使用标准

GB 8321（所有部分）　农药合理使用准则

GB 13735　聚乙烯吹塑农用地面覆盖薄膜

GB 18133　马铃薯脱毒种薯

GB/T 25417　马铃薯种植机 技术条件

GB/T 25872　马铃薯 通风库贮藏指南

NY/T 1212　马铃薯脱毒繁育技术规程

NY/T 496　肥料合理使用准则 通则

QB/T 2517　一次性塑料滴灌带

3　术语与定义

下列术语和定义适用于本文件。

3.1 滴灌

根据作物的生长需要，将灌溉水通过输水管道和特制的灌水器（滴头），直接、准确地输送到作物根系附近的土壤中。

3.2 膜下滴灌

是在地膜下应用滴灌技术，是覆膜种植与滴灌相结合的一种灌水技术，也是地膜栽培抗旱技术的延伸与深化。

4 播种前准备

4.1 土地

4.1.1 地块选择

选择土壤肥沃、地势平坦、耕作层深厚、土质疏松，地块比较集中，便于机械作业的沙壤土或壤土。前茬以禾谷类作物、豆类、萝卜、大白菜等为宜，不宜以茄科作物为前茬，以减轻病害的发生。

4.1.2 整地及施肥

栽培马铃薯的土壤要求深耕翻、细整地，耕翻深度以 25～30cm 为宜。可在播种前进行深翻，用旋耕机旋耕后播种；有灌溉条件的可结合秋耕地进行秋施有机肥、冬汇地、早春顶凌耕耱，促进土壤熟化，提高地温，消灭病虫杂草。

根据土壤测试数据进行科学施肥，肥料使用应符合 NY/T 496 的规定。一般每 666.7m² 施腐熟的优质农家肥 2 000～3 000kg，碳酸氢铵 50kg 或马铃薯专用复合肥（总养分≥30%）40～50kg，结合深耕翻入田中做基肥。

4.2 种薯

4.2.1 种薯选择

选择按照 NY/T 1212 的要求生产的紫花白、克新 1 号等脱毒种薯，种子质量应符合 GB 18133 的规定，通过省级以上品种审定委员会审定。

4.2.2 种薯处理

4.2.2.1 催芽

在播种前20天将种薯出窖，严格淘汰病薯后堆放在温暖避光的室内（堆高30～50cm)，温度保持在8～18℃，每隔3～5d翻动一次，约2周左右即可萌芽，然后立即见光通风，芽长0.5cm左右，使芽变成绿紫色，即可切块。

4.2.2.2 切种

切种在播种前2～3d进行，要求每个切块留1～2个芽眼，切块大小保持在50g左右。切种时准备2～3把切刀，把切刀用0.5%高锰酸钾溶液浸泡消毒，轮换使用，防止病毒和细菌病害的传播。

4.2.2.3 拌种

切好的薯块进行药剂拌种，用70%甲基托布津可湿性粉剂2kg加70%安泰生可湿性粉剂3kg与100kg滑石粉混匀后拌10 000kg薯块。

4.3 地膜选择

选择厚度不小于0.008mm、宽700～750mm农用地膜，地膜质量应符合GB 13735的规定。

4.4 滴灌带选择

选择滴头出水量1.3～1.8L/h，滴头距离30～40cm的滴灌带，滴灌带质量应符合QB/T 2517的规定。

4.5 播种机

使用2CM－2型或相近型号的平作马铃薯播种机，播种机技术条件应符合GB/T 25417的规定。

5 播种

5.1 播种期

根据马铃薯品种生长期和当地无霜期的长短确定适宜的播期，晚熟品种适当早播，早熟品种适当晚播，避免霜冻危害。当土壤10cm深处地温达到8～10℃时即可播种，一般在5月上旬播种。如果是已大量发芽的种薯，应适当晚播。

5.2 种植密度

一般商品生产每667m² 保苗3 500～4 200株，生产中应根据马铃薯品种的熟期确定适宜的种植密度。

5.3 播种深度

播种深度因气候、土壤条件而定，一般覆土厚度8～10cm。黏重而潮湿土壤应适当浅播，沙壤土要适当深播，最深不能超过12cm。

5.4 播种方式

平作膜下滴灌采用大小垄一带双行种植模式，大行距60cm，小行距为40cm，株距为32～38cm，滴灌管（带）铺设在小垄中间，播种时用拖拉机驱动带有铺设滴灌带辅助装置的马铃薯平作覆膜施肥播种机，施种肥、播种、覆膜、铺滴灌带一次性完成，并压好膜。

6 支管及滴灌带连接

马铃薯播种后，连接支管和滴灌带，将所有管道连接好后试压，以每条滴灌带末稍压力为1.5MPa为宜。

7 田间管理

7.1 灌溉追肥

播种后早进行滴灌有利于出苗，一般应在播种后7d内进行第一次滴灌，滴灌水量为$6m^3/667m^2$，墒情差时可适当增加灌溉水量，但最多不宜超过$9m^3/667m^2$。

马铃薯出苗后至收获一般需进行6～10次灌溉，具体灌溉时间和灌水量，需根据降水情况确定。苗期至薯块膨大期需结合灌溉追肥，前期应以氮肥为主，后期以钾肥为主。追肥一般采用压差式施肥罐法，肥料应易溶于水，避免堵塞滴灌带滴头。生长期灌溉和追肥可参照附录A执行。

7.2　中耕除草

膜下除草应在播种时施药，通过在拖拉机和播种机上附加喷雾装置，随播种一次性完成。可选用960g/L精异丙甲草胺乳油60ml/667m^{2}或330g/L二甲戊灵乳油120ml/667m^{2}兑水30kg/667m^{2}地表喷雾封闭，施药量应以实际喷雾面积折算。

膜间可通过机械中耕除草或进行化学除草，也可以机械中耕与化学除草相结合。化学除草可在播种后3d内进行土壤封闭处理，也可以在杂草3～5叶期进行茎叶喷雾处理。土壤封闭可选用960g/L精异丙甲草胺乳油100ml/667m^{2}或330g/L二甲戊灵乳油200ml/667m^{2}兑水30kg/667m^{2}地表喷雾，田间藜等阔叶杂草较多时可与70%嗪草酮可湿性粉剂30g/667m^{2}混用。茎叶处理防除禾本科杂草可选用50g/L精喹禾灵乳油80ml/667m^{2}或108g/L高效氟吡甲禾灵乳油40ml/667m^{2}兑水30kg/667m^{2}喷雾，防除阔叶杂草可选用70%嗪草酮可湿性粉剂60g/667m^{2}或25%砜嘧磺隆水分散粒剂5g/667m^{2}兑水30kg/667m^{2}喷雾。

7.3　病虫害防治

马铃薯的病虫害较多，常见的病害有晚疫病、早疫病、黑痣病、环腐病、黑胫病、病毒病等，主要虫害有二十八星瓢虫、芫菁、蚜虫、蛴螬、金针虫、地老虎等。

马铃薯病虫害的防治应贯彻预防为主、综合防治的植保工作方针，以农业和物理防治为基础，按照病虫害发生规律，科学使用化学防治技术，有效控制病虫危害。化学防治方法可参照GB 8321执行，农药使用应符合GB 4285的规定。

8 收获

收获前10～15d停止浇水，保证收获前土壤适度干旱，促进薯皮老化，利于收获。在收获前3～7d割去地上部茎叶，收获前将滴灌管（带）回收。收获时，应避免损伤薯块，收获的块茎及时运回，避免在烈日下曝晒和低温冻害。

9 贮藏

马铃薯贮藏可参照GB/T 25872的规定。

附录A（资料性附录）
灌溉追肥安排

灌溉追肥安排见表A.1。

表A.1 灌溉追肥安排

生育时期	日期	灌溉次数（次）	灌水总量（m^3）	施肥量占追肥总量比例（%）
芽条期	5.10—6.10	1	6	0
苗期	6.10—7.1	1	10	10
现蕾至花期	7.1—7.20	3	30	60
块茎膨大期	7.20—8.20	4	40	30
淀粉积累期	8.20—9.10	1	10	0

注：马铃薯目标产量2 000kg/667m^2；追肥总量按氮10kg/667m^2、氧化钾10kg/667m^2进行折算。

附录二　马铃薯高垄滴灌栽培技术规程

1　范围

本标准规定了马铃薯高垄滴灌栽培各项技术规范。

本标准适用于内蒙古中西部马铃薯种植区，其他地区可以参照执行。

2　规范性引用文件

下列文件对于本文件的应用是必不可少的。凡是注日期的引用文件，仅注日期的版本适用于本文件。凡是不注日期的引用文件，其最新版本（包括所有的修改单）适用于本文件。

GB 4285　农药安全使用标准

GB 8321（所有部分）　农药合理使用准则

GB 18133　马铃薯脱毒种薯

GB/T 25417　马铃薯种植机 技术条件

GB/T 25872　马铃薯 通风库贮藏指南

NY/T 496　肥料合理使用准则 通则

NY/T 1212　马铃薯脱毒繁育技术规程

QB/T 2517　一次性塑料滴灌带

3　术语与定义

下列术语和定义适用于本文件。

滴灌：根据作物的生长需要，将灌溉水通过输水管道和特制的灌水器

（滴头）直接、准确地输送到作物根系附近的土壤中。

4　播种前准备

4.1　土地

4.1.1　地块选择

选择土壤肥沃、地势平坦、耕作层深厚、土质疏松，地块比较集中，便于机械作业的沙壤土或壤土。前茬以禾谷类作物、豆类、萝卜、大白菜等为宜，不宜以茄科作物为前茬，以减轻病害的发生。

4.1.2　整地及施肥

栽培马铃薯的土壤要求深耕翻、细整地，耕翻深度以25～30cm为宜。可在播种前进行深翻，用旋耕机旋耕后播种；有灌溉条件的可结合秋耕地进行秋施有机肥、冬汇地、早春顶凌耕耱，促进土壤熟化，提高地温，消灭病虫杂草。

根据土壤测试数据进行科学施肥，肥料使用应符合NY/T 496的规定。一般每666.7m^2施腐熟的优质农家肥2 000～3 000kg，碳酸氢铵50kg或马铃薯专用复合肥（总养分≥30%）40～50kg，结合深耕翻入田中做基肥。

4.2　种薯

4.2.1　种薯选择

选择按照NY/T 1212的要求生产的紫花白、克新1号等脱毒种薯，种子质量应符合GB 18133的规定，通过省级以上品种审定委员会审定。

4.2.2　种薯处理

4.2.2.1　催芽

在播种前20d将种薯出窖，严格淘汰病薯后堆放在温暖避光的室内（堆高30～50cm），温度保持在8～18℃，每隔3～5d翻动一次，约2周左右即可萌芽，然后立即见光通风，芽长0.5cm左右，使芽变成绿紫状，即可切块。

4.2.2.2　切种

切种在播种前2～3d进行，要求每个切块留1～2个芽眼，切块大小应不小于30g。切种时准备2～3把切刀，把切刀用0.5%高锰酸钾溶液浸泡消毒，轮换使用，防止病毒和细菌病害的传播。

4.2.2.3　拌种

切好的薯块进行药剂拌种，用70%甲基托布津可湿性粉剂2kg加70%安泰生可湿性粉剂3kg与100kg滑石粉混匀后拌10 000kg薯块。

4.3　滴灌带选择

选择滴头出水量1.3～1.8L/h，滴头距离30～40cm的滴灌带，滴灌带质量应符合QB/T 2517的规定。

4.4　播种机

选择2行或4行马铃薯播种机，播种机技术条件应符合GB/T 25417的规定。

5　播种

5.1　播种期

根据马铃薯品种生长期和当地无霜期的长短确定适宜的播期，晚熟品种适当早播，早熟品种适当晚播，避免霜冻危害。当土壤10cm深处地温达到8～10℃时即可播种，一般在5月上旬播种。如果是已大量发芽的种薯，应适当晚播。

5.2　种植密度

一般商品生产每667m^{2}保苗3 500～4 200株，生产中应根据马铃薯品种的熟期确定适宜的种植密度。

5.3 播种深度

播种深度因气候、土壤条件而定，一般覆土厚度 8～10cm。黏重而潮湿土壤应适当浅播，沙壤土要适当深播，最深不能超过 12cm。

5.4 播种方式

可采用单垄单行或单垄双行的种植模式。单垄单行种植行距一般为 70cm；单垄双行种植垄距一般为 90cm，小行距为 15～20cm；根据种植密度确定适宜的株距。播种时用拖拉机驱动带有铺设滴灌带辅助装置的马铃薯播种机，施种肥、播种、起垄、铺滴灌带一次性完成。滴灌带铺在垄顶正中，每隔 2～3m 横向覆土压管。

6 支管及滴灌带连接

马铃薯播种后，连接支管和滴灌带，将所有管道连接好后试压，以每条滴灌带末稍压力为 1.5MPa 为宜。

7 田间管理

7.1 灌溉追肥

播种后早进行滴灌有利于出苗，如无有效降雨，一般应在播种后 5d 内进行第一次滴灌，滴灌水量为 $8m^3/667m^2$，墒情差时可适当增加灌溉水量，但最多不宜超过 $11m^3/667m^2$。

马铃薯出苗后至收获一般需进行 6～10 次灌溉，具体灌溉时间和灌水量，需根据降水情况确定。苗期至薯块膨大期需结合灌溉追肥，前期应以氮肥为主，后期以钾肥为主。追肥一般采用压差式施肥罐法，肥料应易溶于水，避免堵塞滴灌带滴头。生长期灌溉和追肥可参照附录 A 执行。

7.2 机械中耕

马铃薯出苗 50%左右时进行第一次机械中耕培土，覆土灭草，培成垄高 25cm 的高垄。培土时滴灌带应处于滴灌状态，以防止培土将滴管带压扁，影响以后正常滴灌。现蕾时，进行第二次机械中耕除草，覆土灭草，并结合培土，两次培土厚度累计应不超过 10cm。

7.3　化学除草

化学除草应在第一次机械中耕后进行，应选用已在马铃薯上登记的除草剂。第一次机械中耕覆土灭草并培土整好垄形，然后选用除草剂进行土壤封闭，或在杂草基本出齐后进行茎叶处理。进行化学除草后，一般不再进行第二次中耕。

土壤封闭处理，可选用 960g/L 精异丙甲草胺乳油 80ml/667m^2 或 330g/L 二甲戊灵乳油 150ml/667m^2 对水 30kg/667m^2 地表喷雾封闭。田间阔叶杂草较多时，可以与 70％嗪草酮可湿性粉剂 30g/667m^2 混用。

茎叶处理在杂草 3～5 叶期进行，防除禾本科杂草可选用 50g/L 精喹禾灵乳油 80ml/667m^2 或 108g/L 高效氟吡甲禾灵乳油 40ml/667m^2 对水 30kg/667m^2 喷雾，防除阔叶杂草可选用 70％嗪草酮可湿性粉剂 60g/667m^2 或 25％砜嘧磺隆水分散粒剂 5g/667m^2 对水 30kg/667m^2 喷雾。

7.4　病虫害防治

马铃薯的病虫害较多，常见的病害有晚疫病、早疫病、黑痣病、环腐病、黑胫病、病毒病等，主要虫害有二十八星瓢虫、芫菁、蚜虫、蛴螬、金针虫、地老虎等。

马铃薯病虫害的防治应贯彻预防为主、综合防治的植保工作方针，以农业和物理防治为基础，按照病虫害发生规律，科学使用化学防治技术，有效控制病虫危害。化学防治方法可参照 GB 8321 执行，农药使用应符合 GB 4285 的规定。

8　收获

收获前 10～15d 停止浇水，保证收获前土壤适度干旱，促进薯皮老化，利于收获。在收获前3～7d割去地上部茎叶，收获前将滴灌管（带）回收。收获时，应避免损伤薯块，收获的块茎及时运回，避免在烈日下曝晒和低温冻害。

9 贮藏

马铃薯贮藏可参照GB/T 25872的规定。

附录A（资料性附录）
灌溉施肥安排

灌溉施肥安排见表A.1。

表A.1 灌溉施肥安排

生育时期	日期	灌溉次数（次）	灌水总量（m^3）	施肥量占追肥总量比例（%）
芽条期	5.10—6.10	1	8	0
苗期	6.10—7.1	1	12	10
现蕾至花期	7.1—7.20	3	50	60
块茎膨大期	7.20—8.20	4	60	30
淀粉积累期	8.20—9.10	1	15	0

注：马铃薯目标产量2 000kg/667m^2；追肥总量按氮10kg/667m^2、氧化钾10kg/667m^2进行折算。

附录三　马铃薯机械收获作业技术规程

1　范围

本标准规定了使用马铃薯挖掘机进行机械化收获涉及的作业条件、收获技术、安全要求等技术规范。

本标准适用于内蒙古中西部垄作马铃薯的机械化收获作业。

2　规范性引用文件

下列文件对于本文件的应用是必不可少的。凡是注日期的引用文件，仅注日期的版本适用于本文件。凡是不注日期的引用文件，其最新版本（包括所有的修改单）适用于本文件。

GB 10395.16 农林机械 安全 第16部分：马铃薯收获机

NY/T 1130 马铃薯收获机械

NY/T 2464 马铃薯收获机 作业质量

3　术语和定义

下列术语和定义适用于本标准。

3.1　明薯

机器作业后，暴露于土层的马铃薯。

3.2　伤薯

机器作业损伤薯肉的马铃薯（由于薯块腐烂引起的损伤除外）。

3.3 破皮薯

机器作业擦伤薯皮的马铃薯（由于薯块腐烂引起的破皮除外）。

4 作业条件

4.1 地块

应地势平坦，无障碍物，满足马铃薯收获机使用说明书中规定的收获作业要求。

作业地块收获时土壤相对含水率应不大于25%。

4.2 作物

马铃薯80%左右的茎叶枯黄，块茎成熟、表皮木栓化时，准备收获。

4.3 机具

马铃薯收获机应与种植行距匹配，作业幅宽应大于马铃薯块茎分布宽度两边各10cm以上。

马铃薯收获机安全性应符合GB 10395.16的规定，推荐使用性能指标符合NY/T 1130规定的收获机械。

配套拖拉机技术参数应符合收获机械的配套要求，轮距应适应马铃薯行距。

5 收获前准备

5.1 清理田块

秧蔓影响收获质量时，需进行人工、机械或化学处理，一般采用杀秧机杀秧。杀秧机杀秧在收获前7d左右进行，将薯秧全部粉碎并均匀抛撒在垄沟内。

5.2 调试机具

收获机和拖拉机应按使用说明书调整到良好的技术状态。

按使用说明书的规定对收获机与拖拉机进行挂接调试，确保连接可靠，状态良好。

5.3 人员配备

应按要求配备作业人员和辅助人员。

操作人员应经过专业培训，熟悉机具操作、维修要领。

6 收获

6.1 收获作业

收获入铲前应把起土铲左右调整水平，中央拉杆调整到适宜的程度。挖掘部件中心线对准薯行中心线起步并缓慢入土。

收获机作业深度一般应比马铃薯种植深度深 10cm。应首先以说明书规定的速度试收 20m，观察马铃薯漏挖、伤薯和作业深度等作业质量效果，必要时进行调整，重新试收，直至符合要求方可进行正式作业。

应随时检查作业情况，发现杂物堵塞收获机时，应切断动力，停车清除。

转弯时应切断后动力输出，提起入土铲，不可强行转弯。

起出的薯块应平铺于地表，便于后续捡拾作业。

6.2 收获质量

马铃薯明薯率≥97%，伤薯率≤3%，破皮薯率≤3.5%。收获作业质量应符合 NY/T 2464 的要求。

7 安全要求

作业人员不得在酒后或过度疲劳状态下作业。

作业人员应严格按收获机械使用说明书中的安全作业要求操作。

机组在检查、调整、保养和排除故障时应停机熄火，并在平地上进行，故障未排除前不应作业。

机组在田间停驻时，应可靠制动。

附录四　春小麦保护性耕作节水丰产栽培技术规程

1　范围

本标准规定了春小麦保护性耕作节水丰产栽培的表土处理、种子选用、播种机具选择与调试、免耕播种、施肥、病虫草害防治、收获、深松等技术规范。

本标准适用于大兴安岭西麓和阴山北麓春小麦保护性耕作农田，其他生态类似区域可参照执行。

2　规范性引用文件

下列文件对于本文件的应用是必不可少的。凡是注日期的引用文件，仅注日期的版本适用于本文件。凡是不注日期的引用文件，其最新版本（包括所有的修改单）适用于本文件。

GB 4285 农药安全使用标准

GB 4404.1 粮食作物种子 第1部分：禾谷类

GB 16151.12 农业机械运行安全技术条件 第12部分：谷物联合收割机

GB/T 8321 农药合理使用准则

GB/T 20865 免耕施肥播种机

GB/T 24675.2 保护性耕作机械 深松机

NY/T 496 肥料合理使用准则 通则

NY/T 995 谷物（小麦）联合收获机械 作业质量

NY/T 2845 深松机 作业质量

3　术语和定义

下列术语和定义适用于本文件。

3.1　地表处理

在播前通过浅耙等作业，以平整地块和调整秸秆覆盖率，使农田状态达到播种要求的一种田间整理技术。

3.2　免耕播种

作物播前不采用翻耕等动土量大的耕作方式，直接在秸秆覆盖地上播种。

3.3　深松

以打破犁底层为目的，通过拖拉机牵引松土机械，在不打乱原有土层结构的情况下松动土壤的一种机械化整地技术。

4　表土处理

免耕播种春小麦的地块要求地表秸秆覆盖均匀，地面基本平整。地表不平、覆盖严重不匀或秸秆量过大影响播种时，可选择使用秸秆粉碎抛撒机、圆盘耙、旋耕机等机具进行表土处理，通过秸秆粉碎抛撒、耙平、浅旋达到秸秆分布均匀、地面基本平整。

5　种子选用

选择符合当地生产条件、地力基础、灌溉条件的抗逆性强、适应性广、分蘖力强、成穗率高、丰产稳产的小麦品种。小麦种子质量应符合GB 4404.1 的规定。

6　播种机具选择与调整

6.1　机具选择

免耕播种机应选择切茬能力强，作业无堵塞，播种质量好，满足施肥要求，且能够一次完成切碎秸秆、破茬开沟、播种、施肥、覆土、镇压等多道工序的作业机具。机具标准可参照 GB/T 20865 的要求。

6.2　机具调试

作业前必须按要求正确调试播种机，并通过试播，确认调试到位，播种量、施肥量、播深、肥深、行距、镇压力等符合要求，才能进行正式作业。

7　免耕播种

7.1　播种时期

小麦最佳播期以日平均气温稳定通过 5℃，地温稳定通过 3℃，表层解冻至 5～6cm 时即可播种。

7.2　播种量

播量依据品种性状、土壤与气候条件和产量要求具体确定。阴山北麓的播量一般为 10～15kg/亩，大兴安岭西麓播量一般为 18～21kg/亩。

7.3　播种深度

播种深度应控制在 3～5cm。种子一定要播到湿土上，各行播深要一致，并达到落籽均匀。

7.4　行距

行距 15～25cm。

7.5 镇压

免耕播种机播种小麦时必须带镇压装置，并正确调整镇压轮压力。土壤干燥时可将镇压力调大，压碎土块、压实苗床，防止跑墒；土壤湿润时可将镇压力调小，确保镇压良好。要及时清理镇压轮粘土缠草，有刮土装置的要调试好刮土装置间隙。

8 施肥

8.1 基肥

大兴安岭西麓：磷酸二铵 12～13kg/亩，尿素 2.5～3kg/亩，硫酸钾 2～3kg/亩。

阴山北麓：磷酸二铵 10～15kg/亩，尿素 2～3kg/亩，硫酸钾 2～4kg/亩。

正位深施种子正下方 3～5cm，施肥深度一致。

8.2 叶面肥

灌浆期可叶面喷施 0.2%～0.3%磷酸二氢钾水溶液，肥料使用可参照 NY/T 496 的规定执行。

9 病虫草害防治

9.1 杂草防治

一般在春小麦苗期进行茎叶处理，小麦 3～4 叶、一年生杂草 3～5 叶期施药。防除禾本科杂草可选用 15%炔草酯可湿性粉剂，制剂用药量 20～30g/亩；防除一年生阔叶杂草可选用 80%溴苯腈可溶粉剂，制剂用药量 30～40g/亩茎叶喷雾。药剂的使用方法与安全可参照 GB/T 8321 与 GB 4285 的规定执行。

9.2 病虫害防治

小麦种子应进行包衣或拌种，防治全蚀病可选用3%苯醚甲环唑悬浮种衣剂，制剂用药量药种比1∶167～200；防治根腐病、黑穗病可选用15%多福悬浮种衣剂，制剂用药量1∶60～1∶80（药种比）；防治蚜虫可选用600g/L吡虫啉悬浮种衣剂，制剂用药量2～6ml/kg种子。在小麦生长期，防治金针虫、蛴螬、蝼蛄可选用20%毒死蜱微囊悬浮剂，制剂用药量550～650g/亩灌根；防治蚜虫可选用21%噻虫嗪悬浮剂，制剂用药量5～10ml/亩；防治红蜘蛛可选用5%阿维菌素悬浮剂，制剂用药量4～8ml/亩；防治锈病、白粉病、根腐病可选用250g/L丙环唑乳油，制剂用药量33～37ml/亩；防治白粉病可选用25%戊唑醇可湿性粉剂，制剂用药量28～32g/亩；防治赤霉病可选用50%多菌灵可湿性粉剂，制剂用药量100～150g/亩喷雾。药剂的使用方法与安全可参照GB/T 8321与GB 4285的规定执行。

10 收获

10.1 适时收获

人工或割晒机割晒应在小麦植株旗叶变黄，其他茎生叶干枯，籽粒腊熟中后期；联合收割机直接收获应在籽粒的完熟初期。

10.2 收获技术要求

收获时留茬高度为20cm左右，要求无漏割，无散落穗。割晒机割晒放铺要均匀整齐。

联合收割机收获时，一般总损失率控制在2%之内，破碎率不超过1%。联合收割机进行秸秆粉碎抛撒时，要抛撒均匀，不影响下年播种。收获质量应符合NY/T 995的要求，联合收获机运行安全应符合GB 16151.12的要求。

11　深松

深松应在土壤相对含水量70%～75%的条件下进行；保护性耕作地一般2～4年深松一次。深松机应符合GB/T 24675.2的要求，作业质量应符合NY/T 2845的要求。

附录五　农牧交错区保护性耕作小麦田杂草综合控制技术规范

1　范围

本标准规定了农牧交错区保护性耕作小麦田杂草综合控制技术的除草剂选择种类、施用时间及方法，人工除草的时间及要求，机械浅松除草的机具种类、防除时间及机具操作等技术规范。

本标准适用于农牧交错区保护性耕作小麦田杂草的防除。

2　规范性引用文件

下列文件对于本文件的应用是必不可少的。凡是注日期的引用文件，仅注日期的版本适用于本文件。凡是不注日期的引用文件，其最新版本（包括所有的修改单）适用于本文件。

GB 4285　农药安全使用标准

GB/T 5667　农业机械　生产试验方法

GB 8321　农药合理使用准则

GB/T 10395.1　农林拖拉机和机械　安全技术要求　第1部分：总则

3　术语和定义

下列术语和定义适用于本标准。

3.1　农牧交错区

农耕区与畜牧区是依人类经济生活方式而划分的基本区域，介于两者之间的则称为农牧交错地带。

3.2　保护性耕作

以水土保持为中心，保持适量的地表覆盖物，尽量减少土壤耕作，并用秸秆覆盖地表，减少风蚀和水蚀，提高土壤肥力和抗旱能力的一项先进农业耕作技术。

3.3　综合除草

以轮作等农业措施为基础，机械、化学除草为主，以人工除草为辅的综合除草技术。

3.4　化学除草

利用除草剂代替人力或机械在农田等地面上消灭杂草的技术。

3.5　机械除草

是指利用农业生产活动的牵引机械、浅松设备及其技术除去农田杂草的生产活动过程。

3.6　人工除草

是指利用人力拔出或用手工工具铲除农田杂草的生产活动过程。

4　综合除草技术要求

4.1　根据农田轮作的要求选用不同作物与小麦进行轮作，通过不同作物轮作达到防除杂草的目的。

4.2　机械除草应符合 GB/T 5667、GB/T 10395.1 等规定，依据常用的

机械方法、作业强度、除草时期等技术参数，按照国家标准规定的要求进行。

4.3 根据土壤条件，选择适宜的牵引机械和浅松除草机械，以利于达到最好的除草效果和减少对土壤的扰动。

4.4 除草剂使用应符合 GB 4285、GB/T 8321 等规定，依据常用的剂型、单位用量、安全间隔期等技术参数，按照国家标准规定的要求施用。

4.5 除草剂合理混用，轮换交替使用，以利全面防除杂草，减少抗性杂草的产生与蔓延。

4.6 依据小麦的生长时间和遗留杂草的生长情况，在小麦孕穗期及时人工拔除田间遗留的对小麦生长造成一定危害杂草，以防草种成熟。

5 综合除草技术作业前准备

5.1 在前茬作物收获完成和小麦苗期 3～5 叶时，及时观察杂草的发生量，根据杂草的发生种类和发生量，及时确定除草剂种类及用量。

5.2 要对使用的拖拉机、中耕机进行用前技术检查，确保使用的拖拉机技术状态良好，液压机构灵活可靠，动力输出运转正常，各机具可用。

5.3 对作业机具安装调试和联结配套作业机具检查，检查各部件是否完好，连结是否可靠，转动是否灵活，确保运行正常。

5.4 查看作业地形，改善作业环境，排除田间的障碍物，防止其影响作业质量和效率及损坏机具。

5.5 作业机手必须经过技术培训，熟练掌握工作原理、调整方法和一般故障排除等技术。

6 综合除草技术

6.1 综合除草技术路线

以轮作等农业措施为基础，结合苗期化学除草或机械中耕除草，中期人工拔大草，收获后化学除草等不同时期除草措施相结合，用以防除保护性耕作小麦田杂草。

苗期杂草发生较重，可采用化学除草结合机械中耕除草进行防除；杂草发生量较小，且集中在行间时，可直接采用机械中耕除草；在小麦孕穗期，田间遗留大草较多时，可人工拔除田间大草；当小麦收获后，田间杂草发生量还较大，且50%以上的植株具有生长能力，可及时用草甘膦进行防除。

6.2　轮作

在有条件的情况下，旱地可选择与大豆、向日葵等顺序轮作；灌溉条件下可与大豆、玉米、向日葵等顺序轮作。在生产条件和经济条件不允许的情况下，也可根据当地的生产条件进行轮作作物的选择和轮作年限的确定。

6.3　苗期化学除草

6.3.1　苗期化学除草的时期

在小麦苗期3～5叶、杂草2～4叶期，杂草的覆盖率在15%以上时，根据田间杂草群落选用一种除草剂或一组混配剂茎叶喷雾防除。

6.3.2　苗期化学除草剂的选择

小麦苗期田间狗尾草、稗草等禾本科杂草与藜、田旋花等阔叶杂草混生时，可选用22.5%溴苯腈乳油＋36%禾草灵乳油混用，或可选用13%二甲四氯钠水剂＋25%绿麦隆可溶性粉剂混配后加入液量0.3%的尿素，或选用72%2，4－D丁酯乳油＋10%骠马乳油，混配后对杂草茎叶喷雾。

田间单一阔叶类杂草发生时，可选用72% 2，4－D丁酯乳油＋22.5%溴苯腈乳油，或可选用72%2，4－D丁酯乳油＋75%苯磺隆干悬浮剂，混配后对杂草茎叶喷雾。

田间单一禾本科杂草发生时，可选用36%禾草灵乳油，或可选用6.9%骠马浓乳剂，或选用10%骠马乳油对杂草茎叶喷雾。

6.4 机械中耕除草

苗期化学除草后未发生杂草，不必进行机械中耕除草；如果苗期化学除草后仍有杂草发生，需进行机械中耕除草。

行距不小于25cm的小麦田，可以进行机械中耕除草；行距25cm以下的小麦田，不可采用机械中耕除草。

在小麦分蘖后拔节前，用3ZF-1.2型多功能中耕除草机进行中耕，松土深度为3～4cm，要求伤苗率不大于1%。除草保持在两行苗中间，偏离中心不大于3cm，达到不铲苗、不压苗、不伤苗。

6.5 人工除草

在人力较充裕的地区，可进行人工除草。在小麦孕穗到抽穗期，人工拔除小麦田间遗留的与小麦高度接近或高出小麦的杂草。

6.6 收获后化学除草

在小麦收获后10～15d，杂草具有50%以上的绿色时，应及时喷施草甘膦防除。

7 综合除草技术作业要求

7.1 除草剂应根据使用说明进行喷施。配制药液时，用药用水量要准确，并充分搅拌均匀。

7.2 喷洒药液量要准确、均匀、不重、不漏，重喷、漏喷率应不大于5%。人工喷雾时也要尽量压低喷头，保持距地面10～20cm的高度，以保喷药质量，防止药液飘移为害他田。

7.3 作业前应根据地块形状规划作业路线，保证作业行车方便，空行程短。

7.4 正式作业前要进行试作业，调整好除草深度，检查机车、机具各部件工作情况及作业质量，发现问题及时解决，直到符合作业要求。

7.5　机组作业速度要符合使用说明书要求，作业应保持匀速直线行驶。

7.6　人工除草时，作业人员必须直线作业，不能在小麦田的行间来回跨越走动，防止造成小麦的倒伏与踩压。

7.7　人工除草时，作业人员要及时把杂草与小麦分开，防止把小麦连带拔出。

7.8　应选择喷头为扇形且压力稳定的喷雾器。

8　综合除草技术的注意事项

8.1　化学除草作业时，作业人员要经常注意检查维修喷药器具，保持雾化良好，防止喷头、管道堵塞渗漏。

8.2　合理选用除草剂，结合使用增效助剂，减少用药量及防止飘移，提高防效。化学除草时以选在晴天的早晚、无风情况为宜，中午或气温高时不宜施药。长期干旱无雨、低温和空气湿度低于65%不宜施药。

8.3　化学除草作业时，作业人员必需配戴口罩、防护镜、手套、防护衣、靴等，外露体位有外伤或孕妇不可进行喷药作业。

8.4　化学除草作业完毕后，作业人员要彻底清洗喷药器具及身体触药部位，妥善保管器具与剩余药剂。

8.5　机械中耕除草作业时，机具未提升前不得转弯和倒退。

8.6　机械运转时，不得进行维修，且运输时必须将机具升至运输状态，严禁在悬挂架和机具上坐人。

8.7　机械中耕除草作业时，若发现机车负荷突然增大，应立即停车，查明原因，及时排除故障。

8.8　机具保养和存放按《使用说明书》的要求进行。

8.9　人工除草作业时，要在地面干松时进地拔草，小雨后1天或大雨后3天进地拔草。

8.10　人工除草作业时，如果拔出的杂草已经接种或种子已接近成熟时，要把拔出的杂草及时清理到田外，并及时处理。

8.11　机械除草机具的轮距要与免耕播种机的轮距一致。

附录六 阴山北麓保护性耕作芥菜型油菜田杂草综合控制技术规范

1 范围

本标准规定了阴山北麓保护性耕作芥菜型油菜田杂草综合控制技术的除草剂选择种类、施用时间及方法，人工除草的时间及要求，机械浅松除草的机具种类、防除时间及机具操作等技术规范。

本标准适用于阴山北麓保护性耕作芥菜型油菜田杂草的防除。

2 规范性引用文件

下列文件对于本文件的应用是必不可少的。凡是注日期的引用文件，仅注日期的版本适用于本文件。凡是不注日期的引用文件，其最新版本（包括所有的修改单）适用于本文件。

GB 4285 农药安全使用标准

GB/T 5667 农业机械 生产试验方法

GB 8321 农药合理使用准则

GB/T 10395.1 农林拖拉机和机械 安全技术要求 第1部分：总则

3 术语和定义

下列术语和定义适用于本标准。

3.1 保护性耕作

以水土保持为中心，保持适量的地表覆盖物，尽量减少土壤耕作，并用秸秆覆盖地表，减少风蚀和水蚀，提高土壤肥力和抗旱能力的一项先进农业耕作技术。

3.2 综合除草

综合利用除草剂、机械和人力在农田、苗圃、绿地、造林地、防火线等地面上消灭杂草的技术。

4 综合除草技术要求

4.1 根据农田轮作的要求选用不同作物与芥菜型油菜进行轮作，通过轮作方式达到防除杂草的目的。

4.2 机械除草应符合 GB/T 5667、GB/T 10395.1 等规定，依据常用的机械方法、作业强度、除草时期等技术参数，按照国家标准规定的要求使用。

4.3 根据土壤条件，选择适宜的牵引机械和浅松除草机械，以利达到最佳除草效果和减少对土壤的扰动。

4.4 除草剂使用应符合 GB 4285、GB/T 8321 等国家规定标准，依据常用的剂型、单位用量、安全间隔期等技术参数，按照国家标准规定的要求施用。

4.5 除草剂合理混用，轮换交替使用，以利全面防除杂草，减少抗性杂草的产生与蔓延。

4.6 依据芥菜型油菜的生长时间和遗留杂草的生长情况，在芥菜型油菜蕾薹期及时人工拔除田间遗留的大草，以防草种成熟。

5 综合除草技术作业前准备

5.1 要对使用的拖拉机、浅松机、中耕机进行用前技术检查，确保使用的拖拉机技术状态良好，液压机构灵活可靠，动力输出运转正常，浅松机及中耕机具可用。

5.2 作业机具安装调试和联结配套作业机具检查，检查各部件是否完好，连结是否可靠，转动是否灵活，浅松铲的紧固是否可靠，确保运行正常。

5.3 查看作业地形，改善作业环境，排除田间的障碍物，防止其影响作业质量和效率及损坏机具。

5.4 作业机手必须经过技术培训，熟练掌握工作原理、调整方法和一般故障排除等技术。

5.5 在芥菜型油菜苗期 2～3 叶时，及时进地观察杂草的发生种类和发生量，确定除草剂种类及用量。

6 综合除草技术

6.1 综合除草技术工艺路线

以轮作等农业措施为基础，结合播前机械浅松除草，苗期化学除草及机械中耕除草，现蕾期人工拔出大草，收获后化学除草等不同时期除草措施相结合。

播前浅松除草结合播种同时进行；苗期杂草发生较重，可采用化学除草结合机械中耕除草进行防除；如果杂草发生量较小，且集中在行间发生时，可直接进行机械中耕除草；在芥菜型油菜现蕾期时，田间遗留大草较多时，可人工拔除田间大草；收获后田间杂草发生量较大时，可选用草甘膦进行防除。

6.2 播前机械浅松除草技术

6.2.1 机械浅松除草时期和原则

浅松除草应在芥菜型油菜播前 1～3d 进行，最好与播种连续作业，严防浅松后土壤跑墒；浅松除草时，0～5cm 耕层中的壤土土壤容重不大于 1.2g/cm^3，黏土土壤容重不大于 1.4g/cm^3，0～10cm 耕层中的土壤含水率必须不小于10%。

6.2.2 机械浅松除草机具种类的选择

根据油菜播种机机型选择相应马力和型号的中耕机及浅旋机。

根据油菜田块的大小，牵引机具可选用20马力小型拖拉机、小于50马力的中小型拖拉机、大于90马力的大型拖拉机；浅松机具可选用1QG-120型、1US-5型全方位浅松机灭茬缺口圆盘耙等或具有相同功能的其他型号浅松机械。

6.3 苗期除草技术

6.3.1 苗期除草原则

苗期杂草的发生量较大时，可采用化学除草结合机械中耕除草进行防除，可先进行化学除草，隔3～5d进行中耕除草，减少用药量，增加杂草的防除效果；如果杂草发生量较小，且集中在行间发生时，可直接进行机械中耕除草。

6.3.2 苗期化学除草时期

在芥菜型油菜4～6叶、杂草2～4叶期时，根据田间杂草群落选用一种除草剂或一组混配剂对杂草茎叶喷雾防除。

6.3.3 苗期化学除草剂的选择

田间杂草群落以狗尾草、稗草、野燕麦等禾本科杂草为主时，可以喷施5%精喹禾灵乳油，或10.8%高效氟吡甲禾灵乳油，或12.5%烯禾啶乳油。

6.4 机械中耕除草

油菜苗期田间杂草以藜、苣荬菜、卷茎蓼等阔叶杂草为主时，应采用机械中耕除草。

在芥菜型油菜8～10叶时，用3ZF-1.2型多功能中耕除草机进行中耕，松土深度3～4cm，要求伤苗率不大于1%。除草保持在两行苗中间，偏离中心不大于3cm。不铲苗、不压苗、不伤苗。

6.5 人工除草

在人力较充裕的地区，可进行人工除草。人工除草在芥菜型油菜现蕾期前后进行，人工拔除或铲除田间遗留的与油菜高度接近或高出油菜的杂草。

6.6 收获后化学除草

在油菜收获后 3～7d，杂草具有 30%以上的绿色时，应及时喷施草甘膦防除。

7 综合除草技术作业要求

7.1 浅松除草深度应为 5～6cm，地要平整，不拖堆，不出沟，同一地块的高度差不超过 4cm。

7.2 作业前应根据地块形状规划作业路线，保证作业行车方便，空行程短。

7.3 正式作业前要进行试作业，调整好除草深度，检查机车、机具各部件工作情况及作业质量，发现问题及时解决，直到符合作业要求。

7.4 机组作业速度要符合使用说明书要求，作业应保持匀速直线行驶。

7.5 除草剂应根据使用说明进行喷施。配制药液时，用药用水量要准确，并充分搅拌均匀。

7.6 合理选用除草剂，结合使用增效助剂，减少用药量及防止漂移，提高防效。喷洒药液量要准确、均匀、不重、不漏，重喷、漏喷率应不大于 5%。人工喷雾时也要尽量压低喷头，保持距地面 10～20cm 的高度，以保证喷药质量。

7.7 人工除草时，作业人员必须直线作业，不能在芥菜型油菜田行间来回跨越走动，防止造成芥菜型油菜的倒伏与踩压。

7.8 应选择喷头为扇形且压力稳定的喷雾器。

8　综合除草技术的注意事项

8.1　机械浅松、中耕除草作业时，机具未提升前不得转弯和倒退，且机具作业中或运转状态下，严禁在悬挂架和机具上坐人。

8.2　浅松或中耕除草作业时，若发现机车负荷突然增大，应立即停车，查明原因，及时排除故障。

8.3　机械运转时，不得进行维修，且运输时必须将机具升至运输状态。

8.4　机具保养和存放按《使用说明书》的要求进行。

8.5　化学除草作业时，作业人员要经常注意检查维修喷药器具，保持雾化良好，防止喷头、管道堵漏。选雨后（田间潮润）晴天的早晚喷药最好，中午或气温高时不宜施药。长期干旱无雨、低温和空气湿度低于65%不宜施药。

8.6　化学除草作业时，作业人员必需配戴口罩、防护镜、手套、防护衣、靴等，外露体位有外伤或孕妇不可进行喷药作业。

8.7　化学除草作业完毕后，作业人员要彻底清洗喷药器具及身体触药部位，妥善保管器具与剩余药剂。

8.8　人工除草作业时，要在地面干松时进地拔草，小雨后1d或大雨后3d进地拔草。

8.9　人工除草作业时，如果拔出的杂草已经接种或种子已接近成熟时，要把拔出的杂草及时清理到田外，并及时处理。

8.10　机械除草机具的轮距要与免耕播种机的轮距一致。

附录七　阴山北麓芥菜型油菜保护性耕作丰产栽培技术规程

1　范围

本标准规定了阴山北麓芥菜型油菜保护性耕作丰产栽培的表土处理、种子选用、播种机具选择与调试、免耕播种、施肥、病虫草害防治、收获、深松等技术规范。

本标准适用于阴山北麓芥菜型油菜保护性耕作农田。

2　规范性引用文件

下列文件对于本文件的应用是必不可少的。凡是注日期的引用文件，仅注日期的版本适用于本文件。凡是不注日期的引用文件，其最新版本（包括所有的修改单）适用于本文件。

GB 4285　农药安全使用标准

GB 4407.2　经济作物种子　第2部分：油料类

GB 16151.12　农业机械运行安全技术条件　第12部分：谷物联合收割机

GB/T 8321　农药合理使用准则

GB/T 20865　免耕施肥播种机

GB/T 24675.2　保护性耕作机械　深松机

NY/T 496　肥料合理使用准则　通则

NY/T 2199　油菜联合收割机　作业质量

NY/T 2845　深松机　作业质量

DB 15/T 578　阴山北麓保护性耕作芥菜型油菜田杂草综合控制技术规范

3　术语和定义

下列术语和定义适用于本文件。

3.1　地表处理

在播前通过浅耙等作业，以平整地块和调整秸秆覆盖率，使农田状态达到播种要求的一种田间整理技术。

3.2　免耕播种

作物播前不采用翻耕等动土量大的耕作方式，直接在秸秆覆盖地上播种。

3.3　深松

以打破犁底层为目的，通过拖拉机牵引松土机械，在不打乱原有土层结构的情况下松动土壤的一种机械化整地技术。

4　秸秆与表土处理

播种前地面应基本平整。如地表不平、秸秆覆盖严重不匀或秸秆量过大影响播种时，可选择秸秆粉碎机、圆盘耙等进行粉碎、耙平，或人工平整地表、将秸秆分布均匀。

5　种子选用

结合当地的生产条件、地力基础等因素选用抗逆性强、适应性广、丰产稳产的良种。选用的种子纯度不低于85%，净度不低于98%，发芽率不低于 80%，含水量不高于 9%。油菜种子质量应符合 GB 4407.2 的要求。

6 播种机具选择与调试

6.1 机具选择

免耕播种机应选择切茬能力强，作业无堵塞，播种质量好，满足施肥要求，且能够一次完成切碎秸秆、破茬开沟、播种、施肥、覆土、镇压等多道工序的作业机具。推荐选择符合 GB/T 20865 要求的机具。

6.2 机具调试

作业前应按要求正确调试播种机，并通过试播，确认调试到位，播种量、施肥量、播深、肥深、行距、镇压力等符合要求，才能进行正式作业。

7 免耕播种

7.1 播种时期

油菜最佳播期一般在 5 月中下旬，日平均气温稳定应通过 6℃，10cm 土壤温度应稳定通过 5℃。

7.2 播种量

播量依据品种性状、土壤与气候条件和产量要求具体确定，播种量为 0.25～0.3kg/亩。

7.3 播种深度

播种深度为 2～3cm，要求深浅一致。

7.4 行距

适宜行距为 30cm。

7.5　镇压

镇压力应根据土壤墒情进行适当调整，土壤干燥时将镇压力调大，土壤湿润时将镇压力调小，确保苗带压实，防止跑墒。

8　施肥

8.1　基肥

随播种施入磷酸二铵 9～11kg/亩、尿素 1.5～3kg/亩、硫酸钾 2～4kg/亩，基肥应深施，肥料与种子间隔 5cm 以上，以免“烧种”。肥料使用可参照 NY/T 496 的要求执行。

8.2　叶面肥

在开花结荚时期喷施 0.1%～0.2%的尿素或 0.2%的磷酸二氢钾叶面肥。肥料使用可参照 NY/T 496 的要求执行。

9　病虫草害防治

9.1　杂草防除

9.1.1　机械除草

在播前 1～3d，进行浅松除草，最好与播种连续作业，防止浅松后土壤跑墒；浅松除草时，0～5cm 耕层中的土壤容重应不大于 1.2g/cm^3，黏土土壤容重应不大于 1.4g/cm^3，0～10cm 耕层中的土壤含水率应不小于 10%。具体操作可参照 DB 15/T 578 的要求执行。

在油菜 6～9 叶时，可用多功能中耕除草机进行中耕，或选择机具型号与播种机配套的其他型号的中耕除草机。松（耕）土深度 3～4cm，要求伤苗率不大于 1%。除草保持在两行苗中间，偏离中心不大于 3cm，不铲苗、不压苗、不伤苗。

9.1.2 化学除草

在油菜 3～5 叶期，禾本科杂草 3～5 叶期施药，可选用 5%精喹禾灵乳油，制剂用药量 40～60mL/亩茎叶喷雾，也可选用烯草酮、高效氟吡甲禾灵等除草剂。药剂的使用方法与安全参照 GB/T 8321 与 GB 4285 的规定执行。

9.1.3 人工除草

在人力较充裕的地区，可进行人工除草。人工除草在芥菜型油菜现蕾期前后进行，人工拔除或铲除田间遗留的与油菜高度接近或高出油菜的杂草。

9.2 病虫害防治

应采用种子包衣或拌种防治苗期病虫害，防治立枯病可选用 70%噁霉灵种子处理干粉剂，制剂用药量 1∶500～1 000（药种比）；防治黄曲条跳甲可选用 70%噻虫嗪种子处理可分散粉剂，制剂用药量 4～12g/kg 种子。在油菜生长期进行病虫害防治，可选用 40%菌核净可湿性粉剂，防治菌核病，制剂用药量 100～150g/亩；可选用 25%噻虫嗪水分散粒剂，防治黄曲条跳甲、蚜虫，制剂用药量 10～15g/亩；可选用 1.8%阿维菌素乳油，防治小菜蛾，制剂用药量 30～40ml/亩；可选用 2.5%高效氯氟氰菊酯微乳剂，防治菜青虫，制剂用药量 20～40g/亩兑水喷雾。药剂的使用方法与安全可参照 GB/T 8321 与 GB 4285 的规定执行。

10 收获

油菜成熟后适时收获。割晒适期为全田叶片基本落光，植株主花序 70%以上变黄，籽粒呈本品种固有颜色，分枝角果 80%开始褪绿，主花序角果籽粒含水量为 35%左右。采取分段收获，即在油菜黄熟期先用割晒机械割倒，厚度 25～35cm。然后，在田间晾晒 7～10d，籽粒水分降至 13%左右，再用联合收割机进行拾禾脱粒收获。收获质量应符合 NY/T 2199 的要求，联合收割机运行安全应符合 GB 16151.12 的要求。

11　深松

深松应在土壤相对含水量 70%～75%的条件下进行；保护性耕作地一般 2～4 年深松一次。深松机应符合 GB/T 24675.2，作业质量符合 NY/T 2845 的要求。

附录八　阴山北麓保护性耕作燕麦田杂草综合控制技术规范

1　范围

本标准规定了阴山北麓保护性耕作燕麦田杂草综合控制技术的除草剂选择种类、施用时间及方法，人工除草的时间及要求，机械浅松除草的机具种类、防除时间及机具操作等技术规范。

本标准适用于阴山北麓保护性耕作燕麦田杂草的防除。

2　规范性引用文件

下列文件对于本文件的应用是必不可少的。凡是注日期的引用文件，仅注日期的版本适用于本文件。凡是不注日期的引用文件，其最新版本（包括所有的修改单）适用于本文件。

GB 4285　农药安全使用标准

GB/T 5667　农业机械　生产试验方法

GB 8321　农药合理使用准则

GB/T 10395.1　农林拖拉机和机械　安全技术要求　第1部分：总则

3　术语和定义

下列术语和定义适用于本标准。

3.1　保护性耕作

以水土保持为中心，保持适量的地表覆盖物，尽量减少土壤耕作，并用秸秆覆盖地表，减少风蚀和水蚀，提高土壤肥力和抗旱能力的一项先进农业耕作技术。

3.2　综合除草

以轮作等农业措施为基础，机械、化学除草为主，以人工除草为辅的综合除草技术。

3.3　化学除草

利用除草剂代替人力或机械在农田等地面上消灭杂草的技术。

3.4　机械除草

是指利用农业生产活动的牵引机械、浅松设备及其技术除去农田杂草的生产活动过程。

3.5　人工除草

是指利用人力拔出或用手工工具铲除农田杂草的生产活动过程。

4　综合除草技术要求

4.1　根据农田轮作的要求选用不同作物与燕麦进行轮作，通过不同轮作模式达到防除杂草的目的。

4.2　机械除草应符合 GB/T 5667、GB/T 10395.1 等规定，依据常用的机械方法、作业强度、除草时期等技术参数，按照国家标准规定的要求使用。

4.3　根据土壤条件，选择适宜的牵引机械和浅松除草机械，以利达到最佳除草效果和减少对土壤的扰动。

4.4　除草剂使用应符合 GB 4285、GB/T 8321 等规定，依据常用的剂型、单位用量、安全间隔期等技术参数，按照国家标准规定的要求施用。

4.5　除草剂合理混用，轮换交替使用，以利全面防除杂草，减少抗性杂草的产生与蔓延。

4.6 依据燕麦的生长时间和遗留杂草的生长情况，在燕麦孕穗期至抽穗期及时人工拔除田间遗留的大草，以防草种成熟。

5 综合除草技术作业前准备

5.1 在前茬作物收获完成和燕麦苗期2～3叶时，及时观察杂草的发生量，根据杂草的发生种类和发生数量，及时确定除草剂种类和剂量。

5.2 要对使用的拖拉机、中耕机进行用前技术检查，确保使用的拖拉机技术状态良好，液压机构灵活可靠，动力输出运转正常，各机具可用。

5.3 作业机具安装调试和联结配套作业机具检查，检查各部件是否完好，连结是否可靠，转动是否灵活，确保运行正常。

5.4 查看作业地形，改善作业环境，排除田间的障碍物，防止其影响作业质量和效率及损坏机具。

5.5 作业机手必须经过技术培训，熟练掌握工作原理、调整方法和一般故障排除等技术。

6 综合除草技术

6.1 综合除草技术工艺路线

以轮作等农业措施为基础，播前机械浅松除草，结合苗期化学除草，孕穗期人工拔除大草，收获后化学除草等不同时期除草措施相结合，用以防除保护性耕作燕麦田杂草。

苗期杂草发生较重，可采用化学除草；燕麦孕穗期，田间遗留大草较多时，可人工拔除田间大草。

6.2 轮作

在有条件的情况下，旱作可选择与油菜、荞麦等顺序轮作；灌溉条件下可与油菜、向日葵等顺序轮作。或根据当地生产条件和农民种植习惯适当的进行轮作作物的选择和轮作年限的确定。

6.3　播前机械浅松除草技术

6.3.1　机械浅松除草时期和原则

应在燕麦播前1～3d进行浅松除草，最好与播种连续作业，严防浅松后土壤跑墒；浅松除草时，0～5cm耕层中的壤土土壤容重不大于1.2g/cm^3，黏土土壤容重不大于1.4g/cm^3，0～10cm耕层中的土壤含水率必须不小于10%。

6.3.2　机械浅松除草机具种类的选择

根据燕麦播种机机型选择相应马力和型号的浅松机械。

根据燕麦田块的大小，牵引机具可选用20马力小型拖拉机、小于50马力的中小型拖拉机、大于90马力的大型拖拉机；浅松机具可选用1QG-120型全方位浅松机、1US-5型全方位浅松机、灭茬缺口圆盘耙等或具有相同功能的其他型号浅松机械。

6.4　苗期化学除草

6.4.1　苗期化学除草的时期

在燕麦3～5叶、杂草2～4叶期，根据田间杂草群落选用一种除草剂或一组混配剂茎叶喷雾防除。

6.4.2　苗期化学除草剂的选择

燕麦苗期防除田间阔叶杂草可选用72% 2，4-D丁酯乳油+22.5%溴苯腈乳油，或选用72% 2，4-D丁酯乳油+75%苯磺隆干悬浮剂，或选用72% 2，4-D丁酯乳油+13%2甲4氯钠盐水剂，混配后对杂草茎叶喷雾。

6.5　人工除草

在人力较充裕的地区，可进行人工除草。在燕麦孕穗期到抽穗期，人工拔除燕麦田间遗留的与燕麦高度接近或高出燕麦的杂草。

6.6 收获后化学除草

6.6.1 收获后化学除草时期及原则

在燕麦收获后 10～15d，杂草具有 50%以上的绿色时，应及时喷施草甘膦进行防除。

7 综合除草技术作业要求

7.1 除草剂应根据使用说明进行喷施。配制药液时，用药用水量要准确，并充分搅拌均匀。

7.2 合理选用除草剂，结合使用增效助剂，减少用药量及防止漂移，提高防效。喷洒药液量要准确、均匀、不重、不漏，重喷、漏喷率应不大于 5%。人工大量喷雾时也要尽量压低喷头，保持距地面 10～20cm 的高度，以保喷药质量。

7.3 作业前应根据地块形状规划作业路线，保证作业行车方便，空行程短。

7.4 正式作业前要进行试作业，调整好除草深度，检查机车、机具各部件工作情况及作业质量，发现问题及时解决，直到符合作业要求。

7.5 机组作业速度要符合使用说明书要求，作业应保持匀速直线行驶。

7.6 人工除草时，作业人员必须直线作业，不能在燕麦田的行间来回跨越走动，防止造成燕麦的倒伏与踩压。

7.7 人工除草时，作业人员要及时把杂草与燕麦分开，防止把燕麦连带拔出。

7.8 应选择喷头为扇形且压力稳定的喷雾器。

8 综合除草技术的注意事项

8.1 化学除草作业时，作业人员要经常注意检查维修喷药器具，保持雾化良好，防止喷头、管道堵塞渗漏。

8.2 合理选用除草剂，结合使用增效助剂，减少用药量及防止飘移，提高防效。化学除草宜选在晴天的早晚、无风情况为宜，中午或气温高时不宜施药。长期干旱无雨、低温和空气湿度低于65%不宜施药。

8.3 化学除草作业时，作业人员必需佩戴口罩、防护镜、手套、防护衣、靴等，外露体位有外伤或孕妇不可进行喷药作业。

8.4 化学除草作业完毕后，作业人员要彻底清洗喷药器具及身体触药部位，妥善保管器具与剩余药剂。

8.5 机械中耕除草作业时，机具未提升前不得转弯和倒退。

8.6 机械运转时，不得进行维修，且运输时必须将机具升至运输状态，严禁在悬挂架和机具上坐人。

8.7 机械中耕除草作业时，若发现机车负荷突然增大，应立即停车，查明原因，及时排除故障。

8.8 机具保养和存放按《使用说明书》的要求进行。

8.9 人工除草作业时，要在地面干松时进地拔草，小雨后1d或大雨后3d进地拔草。

8.10 人工除草作业时，如果拔出的杂草已接种或种子已接近成熟时，要将拔出的杂草及时清理到田外，并及时处理。

8.11 机械除草机具的轮距要与免耕播种机的轮距一致。

参 考 文 献

陈保莲，王仁辉，程国香．乳化沥青在农业上的应用［J］．石油沥青，2001，15（2）：44－47.

陈超，董稳军．保护性耕作对陇中旱农区马铃薯水分利用的影响［J］．甘肃农业，2014（5）：20－23.

陈亮亮，黄高宝，李玲玲，谢军红，陈凯．不同耕作措施对小麦水分利用的影响及机制［J］．甘肃农大学报，2014（1）：48－53.

陈全功，等．中国农牧交错带的 GIS 表述［J］．中国草业发展论坛，2006（6）：289－293.

陈兆波．生物节水研究进展及发展方向［J］．中国农业科学，2007，40（7）：1456－1462.

陈正新，等．内蒙古阴山北麓农牧交错带退化草地复壮对策［J］．水土保持研究．2002，9（1）：41－45.

程玉臣，路战远，张德健，王玉芬，张向前．平作马铃薯膜下滴灌栽培技术规程［J］．内蒙古农业科技，2015，43（5）：97－98.

程玉臣，路战远，张向前，韩润宝，张建中，白海，咸丰，曹增飞，郭俊．抗旱剂在马铃薯上的应用效果研究［J］．内蒙古农业科技，2013（4）：30－31.

程玉臣，路战远，张向前，张建中，咸丰，白海，张德健．旱作雨养条件下 5 种燕麦品种的生态适应性分析［J］．安徽农业科学，2013，41（18）：7777－7779.

程玉臣，赵存虎，路战远，席先梅，贺小勇，云晓鹏．23.2%砜嘧磺隆·嗪草酮·精喹禾灵油悬浮剂防除马铃薯田杂草防效及安全性［J］．内蒙古农业科技，2015，43（3）：52－54，76.

池宝亮．旱地保水与种植一体化模式及提高 WUE 机制分析［D］．北京：中国农业大学，2014.

崔欢虎，王娟玲，靖华，王裕智，马爱平，张红芳．田间微集雨种植方式及播种行距对小麦产量和水分利用效率的影响［J］．中国生态农业学报，2009，17（5）：914－918.

董书权．保护性耕作与循环型农业发展分析［J］．农业科技与装备，2013（11）：66－68.

盖美，等．基于可变模糊识别模型的大连市水资源与社会经济协调发展研究［J］．资源科学.2008，30（8）：1141-1145.

高宇，张晓霞，李彬，等.国内外旱作农业研究进展［J］.北方农业学报，2016，44（1）：102-108.

龚道枝，郝卫平，王庆锁，严昌荣，张燕卿，梅旭荣.中国旱作节水农业科技进展与未来研发重点［J］.农业展望，2015（5）：52-56.

关中美，等.我国干旱半干旱地区脆弱生态系统及其退化成因［J］.生态经济.2013（9）：158-162.

郭乐音，路战远，张德健，张向前，程玉臣.保水剂对保护性耕作小麦性状及产量的影响［J］.内蒙古农业科技，2015，43（4）：14-16，39.

郭天文，谢永春，张平良，刘晓伟，姜小凤.不同种植和施肥方式对旱地春玉米土壤水分含量及其水分利用效率的影响［J］.水土保持学报，2015，29（5）：231-238.

韩广森.长城沿线坡耕地区机械化抗旱（补水）播种保苗技术的应用［J］.农业技术与装备，2011（5）：24-27.

韩清瑞，高祥照.以色列、土耳其节水农业发展状况与启示［J］.中国农业信息，2014（2）.11-13.

韩玉国，杨培岭，徐磊，等.农业化学抗旱节水技术研究现状及发展趋势［C］//2005北京都市农业工程科技创新与发展国际研讨会.2005.

何文清.不同土地利用方式下土壤风蚀主要影响因子研究［J］.应用生态学报，2005，16（11）：2092-2096.

景蕊莲.作物抗旱节水研究进展［J］.中国农业科技导报，2007，9（1）：1-5.

康波.宁夏马铃薯抗旱节水高产栽培技术研究［D］.杨凌：西北农林科技大学，2017.

雷敏.黄土高原生态环境需水及水资源持续利用研究——以延河流域为例［D］.西安：西北大学，2003.

李春阳，等.北方农牧交错带农田生态系统健康评价——以武川县为例［J］.中国农学通报.2006，22（2）：347-350.

林文谋.我国农业生态系统的演进特点与发展策略［J］.现代农业科技，2008（8）：207-207.

刘建武.水稻地膜覆盖旱直播节水栽培技术［J］.现代农业，2011（5）：93-99.

刘巽浩，牟正国.中国耕作制度［M］.北京：农业出版社，1993.

柳延涛，陈寅初，李万云，等.作物抗旱生理生化特性研究进展［J］.耕作与栽培，2011（2）：6-7.

路战远，程玉臣，王玉芬，张德健，杨彬，张向前，赵双龙.免耕半精量播种机的研制

[J]．北方农业学报，2016，44（2）：69－72.

路战远，程玉臣，张德健，王玉芬，张向前，杨彬．新型马铃薯起垄覆膜播种机简介[J]. 北方农业学报，2016，44（3）：67－70.

路战远，程玉臣，张德健，王玉芬，张向前．马铃薯高垄滴灌栽培技术规程［J］．内蒙古农业科技，2015，43（6）：118－119.

路战远，程玉臣，张向前，张德健，杨彬．马铃薯垄膜沟植播种联合机组简介［J］．北方农业学报，2016，44（4）：121－124.

路战远，张德健，张向前，程玉臣，王玉芬，张建中，白海，咸丰．农牧交错区小麦免耕播种丰产高效栽培技术规程［J］．内蒙古农业科技，2014（1）：105－106.

路战远，张向前，张德健，等．不同灌水量对免耕玉米土壤水分和产量的影响［J］．内蒙古农业科技，2012（6）：19－20.

马移军．现代化节水灌溉技术应用示范区建设模式研究［J］．山东水利，2017（10）：7－9.

梅旭荣，张辉，张永江，严昌荣．三北地区旱作节水农业的现状与发展对策［M］//中国农业节水与国家粮食安全论文集．北京：中国水利水电出版社，2010.

牛文元，张仁华．土面增温剂的机理与效应［M］．北京：科学出版社，1982.

牛育华，李仲谨，郝明德．保水剂在黄止高原旱地农业应用效果的研究［J］．水土保持研巧，2007，14（3）：11－12.

钱蕴壁，李英能，杨刚等．节水农业新技术研究［M］．郑州：黄河水利出版社，2002.

邱富财，等．山西省芦芽山自然保护区猛禽调查研究［J］．山西林业科技．1997（4）：22－26.

任国兰．现代农业灌溉技术的发展现状及发展前景［J］．农业科技与装备，2004（2）：5－6.

任红松，房世杰，黄润，等．基于专利检索分析的我国生物节水技术发展策略研究［J］．农业科技管理，2013（6）：63－66.

任永峰，赵举，路战远，赵沛义，张永平．马铃薯种子播前抗旱处理技术研究［J］．内蒙古农业科技，2013（4）：25－27.

任永峰，赵沛义，赵举，路战远，张永平．不同种薯处理对旱地马铃薯生长发育的影响［J］．作物杂志，2013（6）：143－145.

孙东宝．北方旱作区作物产量和水肥利用特征与提升途径［D］．北京：中国农业大学，2017.

汪芳甜，等．近30年阴山南北麓农牧交错带标准耕作制度变化研究［J］．中国生态农业学报.2014，22（6）：690－696.

王斌瑞，罗彩霞，王克勤.国内外土壤蓄水保墒技术研究动态［J］.世界林业研究，1997，（2）：37－43.

王博，赵沛义，任永峰，高宇，路战远，程玉臣，徐文俊.退耕地生态恢复的研究进展［J］.内蒙古农业科技，2015，43（4）：113－116.

王罕博，龚道枝，梅旭荣，郝卫平.覆膜和露地旱作春玉米生长与蒸散动态比较［J］.农业工程学报，2012，28（22）：88－94.

王久志.土壤结构改良剂覆盖改土作用的研究［J］.干旱地区农业研究，1991（2）：48－55.

王玉芬，路战远，张向前，张德健.保护性耕作燕麦田杂草综合控制研究［J］.干旱地区农业研究，2014，32（4）：208－216.

王玉芬，张德健，路战远，邢丽萍.保护性耕作油菜田杂草控制技术的研究进展分析及发展对策［J］.内蒙古农业科技，2010（5）：103－104.

王玉芬，张德健，路战远，邢丽萍.阴山北麓保护性耕作油菜田间杂草控制试验［J］.山西农业科学，2011，39（5）：459－461.

武雪萍，梅旭荣，蔡典雄，等.节水农业关键技术发展趋势及国内外差异分析［J］.中国农业资源与区划，2005，26（4）：28－32.

夏虹，等.阴山北麓农牧交错带植被变化对降水的响应［J］.生态学杂志.2007，26（5）：639－644.

肖洁.浅谈机械化旱作节农业技术在我国的应用［J］.农业装备技术，2003（4）：4－6.

谢祖彬，刘琦，许燕萍，等.生物炭研究进展及其研究方向［J］.土壤，2011，43（6）：857－861.

信乃诠，等.中国北方旱区农业研究［M］.北京：中国农业出版社，2002.

徐晓敏.抗旱节水制剂对土壤理化性质及玉米水分利用效率的影响［D］.杨凌：西北农林科技大学，2014.

杨青平.韩锦锋.化学覆盖技术应用与研究进展［J］.河南农业大学学报，2003，37（2）：137－140.

杨燕新，王文斌.现代科技革命对水资源利用的影响［J］.农业科技与信息，2007（10）：4－6.

曾千春，等.中国水稻杂种优势利用现状［J］.中国水稻科学.2000，14（4）：243－246.

张德健，路战远，程玉臣，张向前，王玉芬，苏敏莉，李娟，张建中，白海，咸丰.旱作保护性耕作油菜田丰产高效栽培技术规程［J］．内蒙古农业科技，2015，43（4）：94－95.

张德健，路战远，王玉芬，张向前，程玉臣，范希铨，赵彦栋，李民，刘恩泽．阴山北麓保护性耕作燕麦田杂草综合控制技术规程［J］．内蒙古农业科技，2015，43（6）：64－65，68.

张德健，路战远，张向前，程玉臣，张建中，王玉芬，范希铨，赵彦栋，李民，刘恩泽．阴山北麓保护性耕作芥菜型油菜田杂草综合控制技术规程［J］．内蒙古农业科技，2015，43（6）：77－78，87.

张德健，路战远，张向前，等．农牧交错区玉米免耕播种节水丰产栽培技术规程［J］．内蒙古农业科技，2014（2）：110.

张德健，张向前，路战远，高波，王黎胜，刘晓莉．不同化学除草剂对保护性耕作小麦田间杂草防除效果的比较与分析［J］．内蒙古农业科技，2012（5）：75－77.

张坚强，刘作新．化学制剂在节水农业中的应用效果［J］．灌溉排水，2001，20（3）：73－75.

张军梅，高忠霞，王宏．我国农业节水发展趋势分析［J］．现代园艺，2011（21）：21－22.

张义丰，王又丰，刘录祥，等．中国北方旱地农业研究进展与思考［J］．地理研究，2002，21（3）：305－312.

赵哈林，等．北方农牧交错带的地理界定及其生态问题［J］．地球科学进展．2002，17（5）：741－743.

赵沛义，贾有余，妥德宝，任永峰，路战远，李焕春，段玉，弓钦．阴山北麓旱作区垄沟集雨种植增产机理研究［J］．中国农学通报，2014，30（12）：165－170.

中国科学院地理研究所．土面增温剂及其在农林业上的应用［M］．北京：科学出版社，1976.

中国农业年鉴编辑委员会．中国农业统计年鉴［M］．北京：中国农业出版社，2014.

中国水利年鉴编纂委员会．中国水利年鉴［M］．北京：中国水利水电出版社，2014.

Chen Q，Wang X，Liu Q. Progress in functional genomics of plant stress tolerance［J］. Progress in Biochemistry & Biophysics，2001，28（6）：800－801.

图书在版编目（CIP）数据

阴山北麓农牧交错区作物抗旱节水栽培研究 / 路战远等著. —北京：中国农业出版社，2018.7

ISBN 978-7-109-24176-3

Ⅰ.①阴… Ⅱ.①路… Ⅲ.①农牧交错带—作物—抗旱—栽培技术—内蒙古②农牧交错带—作物—节水栽培—栽培技术—内蒙古 Ⅳ.①S318

中国版本图书馆CIP数据核字（2018）第120594号

中国农业出版社出版

（北京市朝阳区麦子店街18号楼）

（邮政编码 100125）

责任编辑 刘明昌

北京中兴印刷有限公司印刷 新华书店北京发行所发行

2018年7月第1版 2018年7月北京第1次印刷

开本：720mm×960mm 1/16 印张：11.75

字数：186千字

定价：38.00元